# 土木建筑
# 数字化设计

冯若强　陆金钰　才　琪
田家安　杨建林　彭启超　**编著**

东南大学出版社
SOUTHEAST UNIVERSITY PRESS
·南京·

**图书在版编目(CIP)数据**

土木建筑数字化设计 / 冯若强等编著. — 南京：
东南大学出版社，2024.6
ISBN 978-7-5766-1370-4

Ⅰ.①土… Ⅱ.①冯… Ⅲ.①土木工程-建筑设计-
研究 Ⅳ.①TU2

中国国家版本馆 CIP 数据核字(2024)第 074728 号

责任编辑:杨 凡 责任校对:咸玉芳 封面设计:毕 真 责任印制:周荣虎

**土木建筑数字化设计**

| | | |
|---|---|---|
| 编 著 | 冯若强 陆金钰 才 琪 田家安 杨建林 彭启超 |
| 出版发行 | 东南大学出版社 |
| 出 版 人 | 白云飞 |
| 社 址 | 南京市四牌楼 2 号 邮编:210096 |
| 网 址 | http://www.seupress.com |
| 经 销 | 全国各地新华书店 |
| 印 刷 | 广东虎彩云印刷有限公司 |
| 开 本 | 787 mm×1092 mm 1/16 |
| 印 张 | 10.75 |
| 字 数 | 216 千字 |
| 版 次 | 2024 年 6 月第 1 版 |
| 印 次 | 2024 年 6 月第 1 次印刷 |
| 书 号 | ISBN 978-7-5766-1370-4 |
| 定 价 | 48.00 元 |

(本社图书若有印装质量问题,请直接与营销部联系。电话:025-83791830)

# 序

  数字化的飞速发展为建筑形式带来了更为丰富的可能性,同时也为工程结构设计带来了新的挑战,突出表现在传统的结构选型思维与创作方法难以满足复杂建筑方案与结构方案的协同设计需求。参数化技术作为数字化的重要方向,正在全球工程结构设计行业掀起热潮,越来越多的工程设计人员将参数化技术应用于工程结构设计中,并与智能优化算法结合,实现结构快速建模、方案选型和优化,实现高质量、高效率和高水平的工程结构设计,为工程结构设计走向数字化、智能化提供了可能。

  数字化是智能建造的基础和前提。数字结构技术是教授学生如何利用参数化技术进行建筑结构模型建立、模型转换和优化,同时进行结构分析和优化设计。本书主要介绍数字结构建模的基本原理、实现方法以及与优化算法相结合的工程设计。数字化建模采用 Rhino 设计平台和 Grasshopper 插件。Rhino 是基于 NURBS 技术的强大 3D 建模软件,Grasshopper 为依赖于 Rhino 环境的新兴可视化节点式编程插件,具备强大的复杂曲面处理能力、节点可视化数据操作、动态实时的成果展示、开放的用户自定义与开发等优点。数字化意味着结构优化可以全程参与结构设计,从选型到结构网格布置与截面设计,可以合理、经济和安全地设计工程结构。本书作者冯若强教授团队多年来从事数字结构、结构优化、结构自动化设计和智能设计算法的教学、研究、培训和工程实践,具有先进的行业发展理念、丰富的工程经验和授课经验,取得了丰富的教学和研究成果,经济效益和社会效益显著。冯若强教授在科学研究、工程实践、课堂教学和社会培训基础上形成的本教材,利于"智能建造"专业办实和落地,推动工程结构向数字化、智能化和低碳的方向发展。

  本书为本科课程"结构数字化设计与程序开发"和研究生课程"空间结构数字化设计与程序开发"的教材用书,亦可供工程设计院和工厂等单位的专业设计师与技术人员参考。同时,关于工程数字化设计应用方面的案例与设计技术,对研究生及工程师都具有启迪、指导及参考意义。

中国工程院院士

2024 年 2 月于哈尔滨

# 前　言

## （第 3 版）

本书第 1 版于 2012 年 12 月出版（《土木建筑计算机辅助设计》，书号为 ISBN 978-7-5641-4044-1），经过五年应用，作者在教学和实践中又有了新的认识和体会，遂对第 1 版进行修订，本书第 2 版于 2018 年 12 月出版（《土木建筑计算机辅助设计》，书号为 ISBN 978-7-5641-7562-7）。近六年来，数字化设计在土木建筑领域飞速发展，其中参数化技术作为数字化的重要方向正在全球工程结构设计行业掀起热潮，越来越多的工程设计人员将参数化技术应用于工程结构设计中，并与智能优化算法结合实现结构快速建模、方案选型和优化，实现高质量、高效率和高水平的工程结构设计，为工程结构设计走向数字化、智能化提供了可能。为此，作者团队对第 2 版进行修订、完善。

为体现本领域参数化和优化算法的最新进展，第 3 版将书名修改为《土木建筑数字化设计》。本书总体上仍保持五章的内容，将第 2 版的"AutoCAD 软件、天正建筑软件和探索者结构软件手动建立模型"改为"通过 Rhino 设计平台和 Grasshopper 插件自动建立模型"，将第 2 版"采用 PKPM 软件进行结构设计"改为"通过 Grasshopper 插件与结构软件 SAP2000 接口程序进行结构设计"，并增加了形态优化、网格优化和拓扑优化算法等章节，能有效提高设计效率和质量。

本书可作为高等院校土木、建筑、智能建造和管理专业的本、专科生及研究生的教材，也可作为土木建筑专业工程设计人员的参考书。在本书编写过程中，参考并引用了大量的公开出版和发表的文献，在此谨向原编著者表示衷心的感谢。

本书为东南大学校级规划教材。

由于作者水平所限，书中难免有疏漏和错误之处，敬请读者批评指正。

作　者

2024 年 6 月

# 目　录

# 第一章
# 土木建筑数字化设计及应用现状

## 1.1 土木建筑数字化设计定义及组成

近几年，随着房地产行业陷入低迷和国家基础设施建设逐步放缓，土木工程行业发展遇到了一定困难，这里有大环境问题，也有土木工程学科自身发展瓶颈问题。需要结合第四次工业技术革命进行变革，引入其他新兴和热门学科的先进理论和先进工具，进行学科交叉和融合，体现数字化、智能化和绿色低碳，符合国家重大战略需求。需要从专业建设、教学内容、课程体系及教材建设方面进行改革。

本书作者参加了本校（东南大学）"智能建造"本科专业（2020年获批）和"数字设计与智能建造"硕士专业（2021年获批）的申报和培养计划编制，并担任"智能建造"本科专业、"土木工程"专业主干课程"智能建造与运维导论（研讨）"和"结构数字化设计与程序开发"的主讲教师。智能建造是土木工程未来的发展方向，但数字化是智能建造的基础和前提，对于现阶段而言，数字化可以应用于工程实践，而智能化需要发展和逐步实践。对于土木建筑而言，其包括设计、建材生产、建造和运行。由于土木建筑的设计决定了土木建筑的功能、为实现功能所需要的建材种类和数量以及运行期间的能耗需求，因此土木建筑设计阶段非常重要。数字化设计作为当今土木建筑设计领域的前沿技术，已经被广泛应用于各种土木建筑结构的设计、分析、施工等领域，大大提高了建筑结构的设计效率和质量，可以实现建筑、结构设计的精细化、自动化和智能化。土木建筑数字化设计一直在不断地发展，现阶段是指采用参数化技术建立建筑和结构模型，通过模型转换程序将其导入采光、能耗及结构等分析软件完成计算，在分析过程中与智能优化算法结合实现快速及自动化建模、方案选型和设计优化。

数字化的飞速发展为土木建筑形式带来了更为丰富的可能性，同时也为结构设计带来了新的挑战，突出表现为传统的结构选型思维与创作方法难以满足复杂建筑方案与结构方案的协同设计需求。参数化技术作为数字化的重要方向正在全球建筑结构设计行业掀起热潮，越来越多的工程设计人员将参数化技术应用于结构设计中，并与智能优化算法结合实现结构快速建模、方案选型和设计优化，实现高质量、高效率和高水平的结构设计。因此作为数字化设计的两大重要分支与前沿技术，参数化设计与智能化设计在大型复杂结构的设计中占有重要地位。下面将介绍参数化设计与智能化设计的研究与应用现状。

## 1.2 参数化设计

随着信息技术近年来在理论和实践中的迅速发展，计算机辅助设计在建筑设计领域的作用已逐步从单纯的制图工具和模拟、分析工具向更深层次渗透，以参数化设计为代表的新型设计模式应运而生[1-2]。参数化设计是指将设计师的逻辑通过参数控制和编译算法构建建筑和结构的参数化模型，可大大提高设计效率，其理论发展至今已经较为成熟。

### 1.2.1 参数化及参数化设计

（1）参数化

参数化概念涵盖范围众多，如物理学、数学、图形学、工程学等众多领域都有其身影。参数化本质是将事件发展的影响因素与事件本身的属性相关联，彼此间设定好预定的关系，构建一个可控模型。在这个模型中，当某一基本元素发生变化时，由于预定逻辑关系的存在，其他关联元素也会随之改变，简而言之，参数化的核心是元素间的关联性。如定义两变量参数 $a$、$b$ 作为长方形的长和宽，则该长方形面积 $S=a\times b$，任意改变其中一参数 $a$ 或 $b$，参数 $S$ 也随之改变。

与物理学、数学、工程学等领域的参数化设计不同的是，本书所提及的参数化设计（parametric design）均属于土木建筑领域，是指以参数化设计思维为基本思路、参数化设计软件为载体完成参数化建筑或结构建模的过程。

在整个建筑领域，建筑设计领先结构设计、暖通设计等分支领域首先引入参数化设计。在当下，因炫酷的外观和震撼的视觉效果，参数化设计风靡全球。如图 1-1 和图 1-2 所示，扎哈·哈迪德（Zaha Hadid）、蓝天组等国际顶级设计大师（工作室）的建筑作品深受热捧，越来越多的国内外建筑设计师开始运用参数化设计。众所周知，

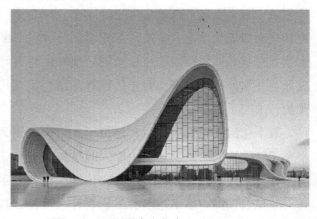

**图 1-1 阿利耶夫文化中心（Zaha Hadid）**

每一种建筑思潮的兴起都离不开时代性的设计风格。2008年，"参数化主义"由扎哈·哈迪德建设事务所（Zaha Hadid Architects）合伙人帕特里克·舒马赫（Patrik Schumacher）在第十一届威尼斯建筑双年展中首次提出。在他看来，参数化主义是继文艺复兴、巴洛克、新古典主义、现代主义之后的一种全新历史风格，它将颠覆过去开启新的时期。也正因参数化在建筑设计中的大量应用，一大批复杂的建筑造型随之而来，这对结构设计提出了巨大的挑战，参数化建模在结构设计中的应用也逐步展开。

**图 1-2　深圳市当代艺术与城市规划馆（蓝天组）**

（2）参数化设计与建模

参数化设计是在变量化设计（variational geometry extended）思想产生后出现的。作为一种全新的设计方式，参数化设计完全颠覆传统，以全新的形式主导设计。当前，有关参数化设计的定义众多学者各抒己见。清华大学建筑学院徐卫国教授认为参数化设计其实就是参变量化设计，也就是把设计参数变量化，每个参变量控制或表明设计结果的某种重要性质，改变参变量的值会改变设计结果[3]。我们可以理解为，在设计中把影响设计结果的各因素看成参数，与此同时把重要的设计要求作为控制参数，通过一种或几种算法指令来构建参数间的逻辑关系，之后用计算机语言描述关系形成统一模型，当输入或改变参变量数据、执行算法时，可实现预先设定目标输出模型。参数化设计过程是从分析设计目标到功能分析最终运用参数化技术创建模型的过程。

参数化设计的核心是参数化建模，即逻辑建模。参数化建模是一种计算机辅助设计方法，是参数化设计的重要过程[4]。进行参数化建模时，最关键的问题就是创建一个参数化模型，使之满足初始设定目标，而在此过程中需要考虑以下众多因素：

① 分析构成建筑或结构几何形体的基本元素（点、线、面、多重曲面等）以及彼此间的逻辑关系，这是实现各元素间关联的基础；

② 判断与可变参数相关的元素，保证建模过程中只有参数可变，其余元素通过参数实现联动；

③ 确定目标模型要实现的主要功能及相关附属功能；

④ 根据参数间的逻辑关系，运用计算机语言将各部分表达式进行程序编辑；

⑤ 根据功能实现的逻辑顺序，将各部分程序表达式进行连接，运行整个程序实现模型创建；

⑥ 更改自由参数值，验证整个程序的合理性，并对程序作出最终优化。

（3）参数化设计的优势

参数化设计在建筑领域甚至整个设计行业为何如此受人追捧？高岩认为，参数化设计不仅能使设计师控制以前无法实现的复杂形式，还能提高已有设计的效率[5]。参数化设计在数据逻辑背景下基于计算机语言和逻辑建模技术可为产品设计提供更多的形态样式，还会推动新的设计形态和格局产生。不言而喻，这均归功于参数化设计带来的巨大优势，其最突出的特点就是设计的高效性，主要体现在以下方面：

① 经济有效地实现复杂几何形式

随着建筑功能、建筑形态、建筑体量复杂性的增加，建筑的几何形式也日趋复杂，这给建筑设计师和结构设计师都带来了新的挑战。参数化设计在处理这类情况时，通过设定输入和输出的参数化关系，实现一个精确的模型控制平台，使设计建模不再只靠视觉直观，而逐渐走向参数量化的理性控制，同时也大大提高了建造经济性。

② 高效实现多种方案比选

建筑方案选择是建筑设计初期必经的流程，而如今随着建筑空间和形态复杂性的增加，结构设计也同样需要方案选择。设计师往往根据可选前提主观选择单一方案后再作最终筛选，这将耗费设计师大量精力。但参数化设计却与之截然不同，方案的数目不依赖于时间，参数化模型确定后，要想得到不同的方案仅需要改变其中的可变参数，只要确定一个参数化方案便可得到一系列方案。

③ 高效调整参数以适应项目进程中的各类变化

如果说生成一个选择方案是在某一时刻对形式进行多样化展开，那么对既有方案的调整就是在时间轴上对形式进行延续展开。任一建筑项目在设计推进过程中，都存在确定或不确定的改动或调整，这对于设计进度影响极大，这些变化很多时候意味着全盘否定或从头再来。而参数化设计将会对此进行革命性颠覆，整个构建历史记录都会完整保存，只要参数的内在逻辑不变，新方案只需调整参数就能高效生成。参数化设计如同时光隧道，让设计师随意穿梭于"过去"和"现在"。

④ 提高设计信息交换效率

在建筑全过程设计的整个流程中分工协作日趋复杂，各工种间的衔接极为重要，有时设计信息交换的效率会严重影响设计周期。每一个上游工种的设计成果会被直接用于下一步的设计工作，其中建筑设计与结构设计的衔接更为密切，建筑方案的改动通常会直接影响结构方案的选择。当建筑设计师运用参数化设计将建筑模型通过计算机语言的形式提供给结构设计师时，结构设计师可直观获取建筑造型的生成逻辑和设计信息，并可在此逻辑基础上直接进行参数化结构设计。此外，参数化模型可通过计算机语言实现与不同专业软件间的无缝对接，使信息交换更高效。

⑤ 通过各种算法进行优化设计，实现满足限制条件的高效形式

在参数化设计过程中，可变参数间的逻辑关系构成整个系统的运算法则，也是彼此间的联系规则。每一种建筑形态的生成都是客观的，都基于固定的运算法则，其形式的输出只取决于输入的自由参数和既定的运算法则，而非个人偏好。但参数化设计也并非完全客观存在，参数的选择和运算法则的确定均取决于设计人员的主观能动性。因此，在固定限制条件下，基于固定的运算法则和优化准则，参数化建模可得以高效优化。

## 1.2.2 参数化设计在建筑结构领域中的应用现状

近年来，诸多学者与工程师将参数化设计与实际的工程项目结合，尤其是在复杂的超高层及大跨度项目中应用更为广泛。例如：上海中心大厦、广州大剧院、北京凤凰国际传媒中心、南京青奥中心等建筑，在这类建筑设计过程中，结构工程师与建筑师相配合，运用参数化设计工具完成建筑造型和结构布置，解决了复杂建筑形态给结构设计带来的困难，大大提高了设计效率。Glymph 等采用 Catia 软件对耶路撒冷宽容博物馆项目进行设计，将自由曲面玻璃采光顶结构划分成了平面四边形玻璃面，同时结构模型与建筑师最初设计的物理模型紧密匹配[6]。程煜等在结构设计中运用了参数化设计满足中国尊大楼外形的多方案比选及结构性能优化的需求，通过定义塔楼结构体系几何逻辑，结合图形软件 Rhino（犀牛，全称 Rhinoceros 3D）和参数化插件 Grasshopper（GH），实现了不同初始条件下几何模型的自动生成[7]。刘凯等以南昌市某工程异形网壳结构为例，利用 Rhino 平台的 Grasshopper 插件进行参数化建模，在曲面顶部较平缓部分采用投影法，其余部分采用等高线法，将生成的几何模型导入 3D3S 软件中进行结构分析对比，结果表明参数化网格划分方法适用性强，几何模型与建筑曲面拟合度高，网格杆件长度均匀效果较好，方便后期模型调整[8]。表 1-1 为部分科研设计工作者将参数化设计应用于建筑结构领域，并取得的一定研究成果或工程应用的案例。

表 1-1　参数化设计在建筑结构领域中的应用

| 作者 | 图示 | 研究成果或工程应用 |
|---|---|---|
| 程煜等[7] | 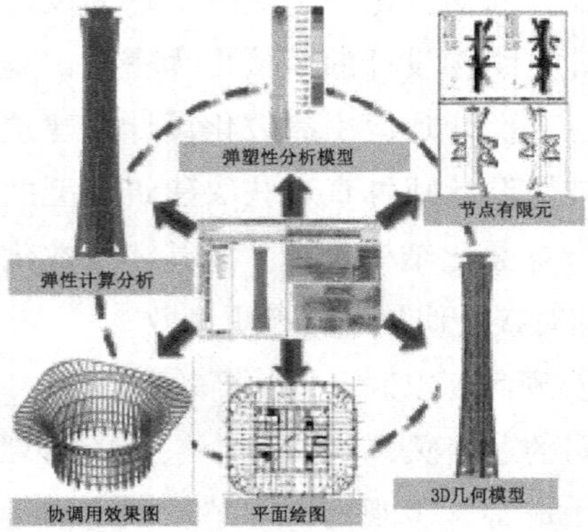 | 奥雅纳工程顾问公司（ARUP）在结构设计中运用了参数化设计来满足中国尊大楼外形的多方案比选及结构性能优化的需求。通过定义塔楼结构体系几何逻辑，结合图形软件 Rhino 的参数化插件 Grasshopper，实现了不同初始条件下几何模型的自动生成。再通过二次开发工具将结构信息赋予几何单元，最终导入结构分析软件进行计算分析 |
| 杨笑天、周健[9] | 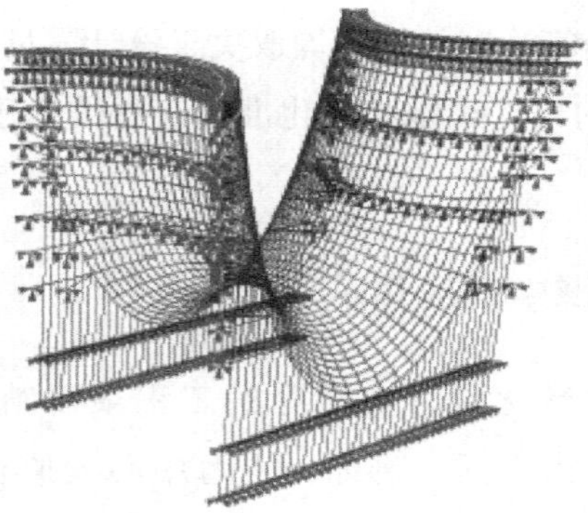 | 基于 Rhino 平台的 Grasshopper 插件，以悬链形大跨度空间网格结构为例，探索了自由曲面空间结构参数化建模、分析和优化的整个过程。此外，还应用遗传算法进行建筑曲面形态优化和幕墙平板优化，改善了结构的力学性能和幕墙玻璃的可加工性。通过运用参数化建模分析大大提高了设计效率，同时也为结构设计分析提供了新思路 |
| 李彦鹏、周健[10] | 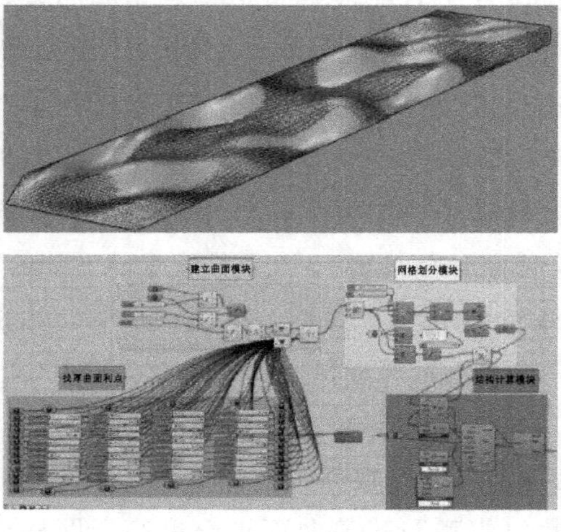 | 以自由曲面单层网壳结构为例，基于 Rhino 平台的 Grasshopper 插件，以结构应变能最小为目标进行曲面形态优化。优化过程中考虑结构自重，并采用遗传算法，完成了自由曲面的形态创建，减少了结构因自重引起的弯矩。优化后的曲面与初始建筑曲面形态相似，承载力大大提高，优化结果明显。该优化方法已应用于上海拉斐尔云廊。该方法可加强建筑方案确定时建筑与结构的配合，减少重复工作，提高效率 |

| 作者 | 图示 | 研究成果或工程应用 |
|---|---|---|
| 黄卓驹等[11] | 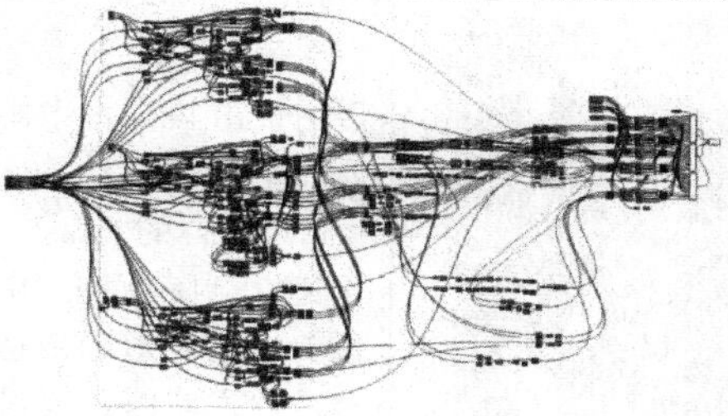 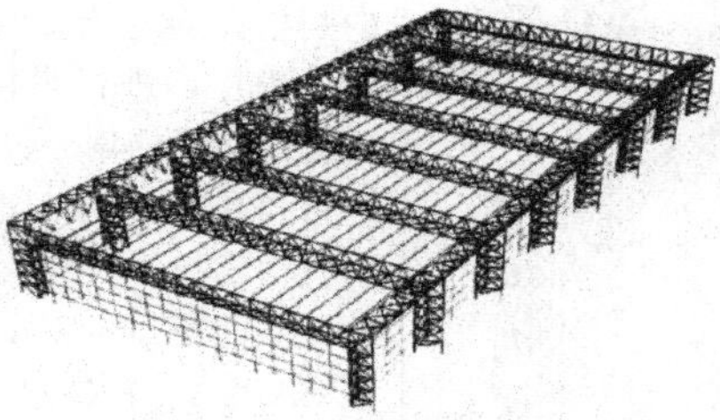 | 以某会展中心展览馆为例，阐述了建筑结构参数化设计中结构体系构成分析、选取输入参数、建立参数化脚本、将几何模型转换至有限元模型的整个结构参数化建模分析过程。通过运用参数化设计方法实现对结构的快速修改，方便了设计人员进行结构参数分析和优化 |
| 朱鸣、王春磊[12] | 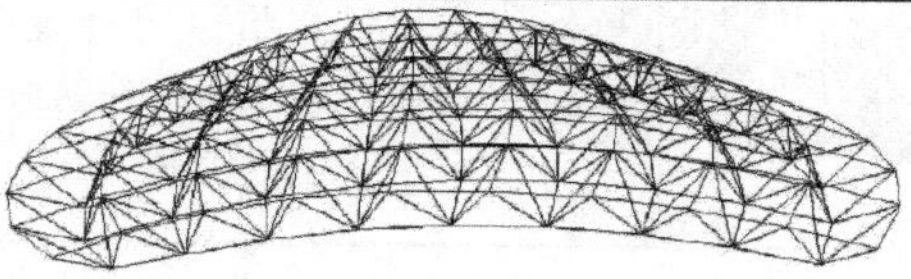 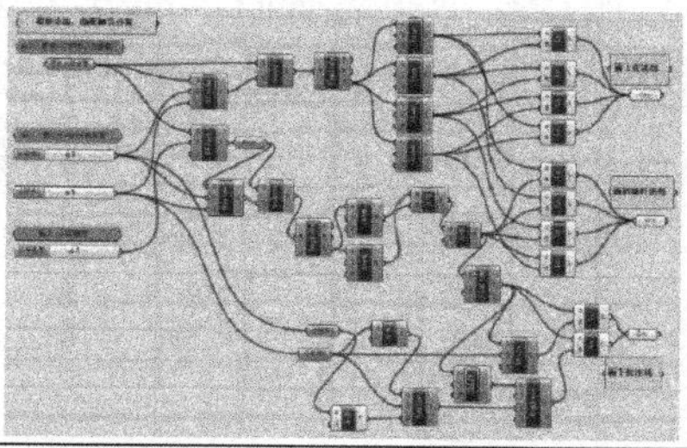 | 北京市建筑设计研究院运用 Rhino 平台的 Grasshopper 插件编制了双层网壳结构快速建模程序，可以实现网格自动划分，并根据设计师输入的网壳厚度确定下弦节点位置，最终自动生成所有杆件 |
| 刘凯等[13] | 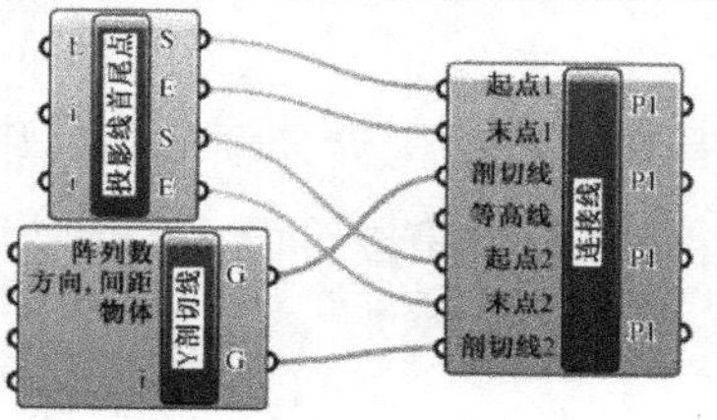 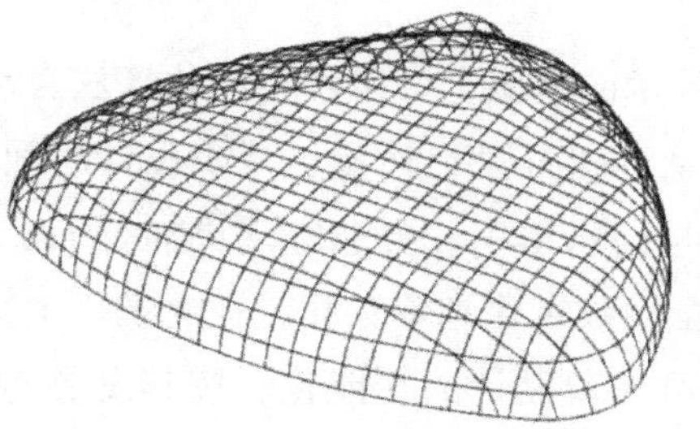 | 以南昌市某工程异形网壳结构为例，利用 Rhino 平台的 Grasshopper 插件进行参数化建模，在曲面顶部较平缓部分采用投影法，其余部分采用等高线法，将生成的几何模型导入3D3S 软件中进行结构分析对比。结果表明参数化网格划分方法适用性强，几何模型与建筑曲面拟合度高，网格杆件长度均匀效果较好，方便后期模型调整 |

| 作者 | 图示 | 研究成果或工程应用 |
| --- | --- | --- |
| 夏若楠[14] | 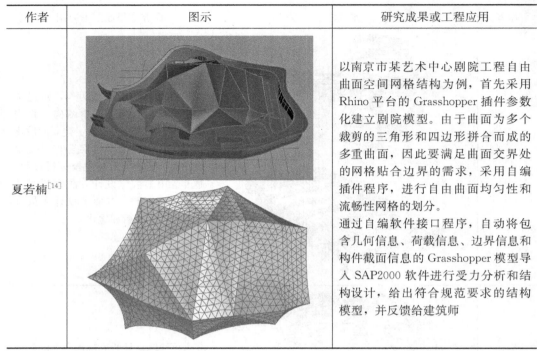 | 以南京市某艺术中心剧院工程自由曲面空间网格结构为例，首先采用 Rhino 平台的 Grasshopper 插件参数化建立剧院模型。由于曲面为多个裁剪的三角形和四边形拼合而成的多重曲面，因此要满足曲面交界处的网格贴合边界的需求，采用自编插件程序，进行自由曲面均匀性和流畅性网格的划分。<br>通过自编软件接口程序，自动将包含几何信息、荷载信息、边界信息和构件截面信息的 Grasshopper 模型导入 SAP2000 软件进行受力分析和结构设计，给出符合规范要求的结构模型，并反馈给建筑师 |

目前参数化设计在建筑结构领域的应用还处于初级阶段，部分工程将参数化设计与优化算法结合以实现结构形态优化，也有众多学者运用参数化设计实现自由曲面空间结构的结构布置或网格划分，但由于该类结构形态复杂，对几何建模理论和技术研究不够深入，研究工作仅对某特定工程开展，通用性和适用性不强。

## 1.3 智能化设计

人工智能的发展开始推动人们研究其在建筑结构设计领域的应用，智能化设计概念已融入方案生成、设计优化、施工图绘制、设计审查等设计各环节工作。

### 1.3.1 智能化设计概念

智能化设计是在数字化和参数化技术的基础上，采用智能化算法自动（或半自动）地完成所有或部分设计环节的工作，从而提升设计质量、减少设计时间。智能化设计的前提是设计的数字化、参数化表达与信息组织，要想实现更加全面、健康的智能化设计技术发展，需要实现设计过程的全面数字化和参数化，在此基础上结合进化算法、机器学习及深度学习等智能算法，方可实现设计的智能化。按其发展与应用，可分为专家系统、启发式智能优化算法、机器学习智能算法。

## 1.3.2　专家系统

早期人工智能在结构设计中的应用主要是专家系统（expert system）[15-17]，其为 20 世纪中后期人工智能发展的一个重要分支，是一种能够模拟人类思维过程的智能程序，旨在有效地运用专家多年积累的经验和专业知识，通过模拟专家的思维和判断过程，帮助人类解决特定领域的相关问题，常用方法包括模糊综合评判法和人工神经网络。

模糊综合评判法[18]是一种基于模糊数学的综合评价方法，它是指根据模糊数学的隶属度理论把定性评价转化为定量评价，即用模糊数学对受到多种因素制约的事物或对象做出一个总体评价。分析影响因素的过程中，提出方案评判的指标体系，应用模糊综合评判理论建立模糊优选模型，可以较清晰、全面、合理地评判由多因素制约的复杂系统，从而得到最佳方案。

人工神经网络是一种大规模自组织、自适应的非线性动力系统，特别适合处理具有不确定性、模糊性的高度复杂非线性问题[19]。

哈尔滨工业大学的王光远院士团队对基于数据挖掘的结构智能选型展开了一系列研究，通过对已完成的工程实例数据的挖掘，开发了高层建筑选型集成支持系统以及大跨空间结构智能选型集成支持系统[20-22]。

## 1.3.3　启发式智能优化算法

启发式算法（heuristic algorithm）是相对于最优化算法提出的，可以定义为一个基于直观或经验构造的算法，在可接受的花费（指计算时间和空间）下给出待解决组合优化问题每一个实例的一个可行解，该可行解与最优解的偏离程度一般不能被预计。这类算法通过对决策空间的部分子集进行采样来搜索优化解，具有无须求解目标函数梯度信息、适用范围广等特点[23]，特别适用于大型复杂结构的优化设计。应用较多的包括进化算法和群体智能算法。

进化算法（evolutionary algorithm，EA）是一系列通过模拟自然进化过程搜索最优解的方法集合，其中最著名的为遗传算法（genetic algorithm，GA）。GA 于 1975 年由 Holland 提出[23]，其借鉴了生物进化、适者生存的思想，将问题的求解转化为个体生存的过程，通过计算适应度值以及一定的选择机制保留优秀个体，通过基因间的交叉、变异保证全局最优，且直接对结构对象进行操作，不存在求导和函数连续性的限定，本质上是一种高效、并行、全局搜索的方法，能在搜索过程中自动获取和积累有关搜索空间的知识，并自适应地控制搜索过程以求得最佳解。

群体智能算法（swarm intelligence algorithm）是一系列通过模拟群体行为进而搜索求解优化问题的方法集合，主要原理为：群体中有众多无智能的个体，它们可以通过相互之间的简单合作表现出一定的智能行为。包括鸟群迁徙模型、人工蜂群（蚁群）算法、粒子群优化算法（partical swarm optimization，PSO）等。

现已有诸多研究将启发式智能优化算法应用于复杂结构的优化设计。姜正荣等将模拟植物生长算法（PGSA）与粒子群优化算法结合，提出了新的混合优化策略（PGSA-PSO，混合智能优化算法），用于解决 PGSA 全局搜索能力不佳的问题，并将其应用于弦支穹顶结构的预应力优化问题，结果表明该算法优化效果显著[24]。Wang 等将满应力设计与遗传算法结合，提出改进的多目标混合遗传算法 NSGA-Ⅱ-FSD，并根据 B 样条理论，将其应用于自由曲面，从而实现了大型自由空间网格结构的形态优化与截面优化[11]。

### 1.3.4　机器学习智能算法

尽管启发式智能优化算法具备适应性广、可很好地找到全局最优解等优点，但其缺陷是对于很多参数的优化问题其往往需要大量迭代，而工程中的很多模拟单次运算就耗时较长，所以大量的迭代是无法承担的。另外，此类算法基本不具备学习能力，难以有效利用既有设计经验。近年来，随着数据存储和计算机运算能力的提升，以及机器学习、深度学习、强化学习等算法的引入，出现了智能化设计的第三波浪潮。

机器学习（machine learning，ML）是识别数据模式，通过经验改进并执行预测、分类、聚类等任务的算法总称[12]。按学习类型可分为有监督学习、无监督学习以及强化学习。其在结构工程领域的应用包括[13]：①预测结构响应和性能；②从试验/模拟数据中提取信息建立计算构件性能的数学模型；③从图片/视频/文字信息中提取信息；④根据结构健康监测数据进行模式识别和结构探伤。本节将对结构智能化设计中应用较多的①③两条进行介绍。

预测结构响应和性能主要用于解决工程优化中目标函数计算非常耗时的问题，即昂贵优化的问题，通过一定量的计算或试验数据，训练代理模型（surrogate model，也称元模型，meta-model），利用机器学习算法建立输入到输出的映射关系。Zhu 等基于人工神经网络和支持向量回归算法，提出了一种预测凯威特球面网壳非线性屈曲荷载的方法，节省了缺陷结构非线性屈曲分析的计算成本，并给出了简化计算公式[14]。Zheng 等提出了一种基于机器学习算法的新设计方法，加速了纯压壳结构的拓扑设计探索，经训练的神经网络模型具有评估输入数据（包括边界条件和细分规则）的能力，并能够在几毫秒内输出屈曲力和建造性能的预测值[25]。

从图片/视频/文字中提取信息主要用于智能生成式设计，应用的算法多为生成对抗网络（generative adversarial networks，GAN）[26]，其为机器学习中的一种模型框架，是专门为学习和生成具有相似或相同特征的图像数据而设计的。陆新征等提出一种基于 GAN 的剪力墙结构快速设计方法，通过对既有的剪力墙结构平面设计图纸的学习，实现 GAN 模型自动根据建筑图纸设计出对应的剪力墙结构，有效提升建筑与结构的设计效率[27]。

## 1.3.5　基于强化学习的生成式设计方法

强化学习的研究目的是希望计算机能够像人类一样思考、判断和推理，并能够做出理性的决策。智能体（agent）和环境（environment）是强化学习中的两个基本概念。智能体代表对问题进行学习和决策的算法，环境则代表与智能体进行交互的数学模型[28]。在一个强化学习系统中，环境基于智能体的决策产生奖励，智能体的学习策略在于寻找到一种"探索-利用"间的权衡[29]，并通过环境的及时反馈训练智能体收获更高的奖励回报。探索是指智能体通过与环境的交互获得更多未知信息，利用是指智能体基于当前已知信息做出最佳的动作决策。

近年来，生成式人工智能正在成为信息化、数字化、智能化的新型技术基座，特别是以大语言模型为代表的生成模型拥有强大的知识编码和储存能力、文本和代码理解及生成能力，以及复杂任务的推理能力，被认为是有可能实现通用人工智能的技术路线之一，有望成为推动新一轮科技变革、经济发展的重要技术，对科学研究和社会产生深远的影响。在设计领域，生成式设计（generative design，GD）是在满足设计要求的前提下，自动进行设计方案探索与生成的智能设计方法[30]。关于生成式设计的研究最早是由 Frazer 在 20 世纪 70 年代早期发起的[31]，他将其定义为"生成设计的规则而并非设计本身"[32]，可将传统设计过程部分或全部自动化[33]。1989 年，随着参数化 CAD 工具的出现与推广，生成式设计方法开始被学者和工程师关注和研究[34]。之后，生成式设计成功应用于制造业、汽车工业、航空航天业以及建筑业等各个领域，尤其是在建筑、结构设计领域获得了较多的关注。生成式设计旨在创造新的设计过程，生成造型新颖且高效的建筑、结构设计方案，借助计算机辅助设计工具，充分地探索建筑、结构设计空间，在概念设计阶段为设计师提供符合要求的初始设计方案[34]。

相较于传统的建筑、结构优化算法，生成式设计算法具有更大的灵活性和创新性，可以更好地实现"计算机模拟人脑"这一智能设计的任务。生成式设计是在规定的设计要求下尽可能地探索解空间，从而得到更多新颖的构型方案，继而更好地为建筑、结构设计的早期决策提供素材。真正考虑设计决策全过程的生成式设计理论是卡内基梅隆大学 Shea 博士于 1997 年提出的基于平面形状语法的计算合成理论[35]。其核心思想是将结构生成过程类比成人类语言，首先通过定义基本的结构单元（单词）和结构单元的组合规则（语法）组成任意的桁架结构（句子），然后在这些结构中寻求满足安全性、美观性、施工便捷性等约束条件的最优结构，从而实现无人设计[30]。世界上第一个完全由计算机生成设计的永久性建筑物——伦敦证券交易所日晷支架（图1-3）[36] 正是基于此理论进行设计的。将建筑、结构的生成过程类比成人类的语言，将建筑和结构的设计原理和规律翻译成语法规则是难点和关键。2023年，同济大学的张涛建立了平面桁架语法规则（图1-4），将其用于基于用户偏好与效率改进的平面桁架生成式设计方法——结构拓扑及形状退火（STSA）技术，考虑用户偏好并进行效率改进，但限于生成效率，该方法仅适用于小规模平面桁架结构[37]。

图1-3　伦敦证券交易所日晷支架

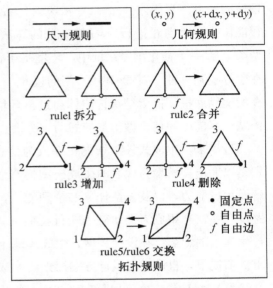

图1-4　平面桁架语法规则

## 1.4　数字化设计实现平台

参数化设计理论的发展为数字化设计平台的发展奠定了坚实的基础，在设计师确定参数关系、找到算法构建参数间的规则系统后，建模软件将发挥主导作用。它是将规则系统转为计算机语言进行系统运行的必备平台，只有选择合适的软件平台才能最终构建软件参数模型。

### 1.4.1　参数化平台

进入21世纪，随着计算机软件技术的飞速发展，与参数化设计相关的软件平台也不断涌现。正是由于这类软件平台的不断更新与完善，设计师脑海中的创意和方案得以完美呈现。运用软件建立参数模型的途径有很多，比如，使用已有的3D建模软件，基于其菜单工具直接进行构建操作；直接运用参数化设计软件建立参数模型；目前众多建模软件中均内置脚本语言，可通过语言描述自由编写程序运行。此外，也可以在计算机操作系统平台上直接编程形成参数模型。

有关参数化设计的研究国内要比国外晚很多，同样，参数化软件平台的研发和应用国外也要比国内更超前。在西方发达国家，以麻省理工学院为例，一部分科研机构和研究型高校非常注重在非线性和参数化设计方面的研究，而其他设计机构如 SOM、Zaha Hadid Architects 等也会组建参数化软件研发部门或者数字化设计工作组，它们在实际项目中运用参数化平台实现目标。

相较于传统的结构建模软件（AutoCAD、PKPM 等），国内大多数结构设计师对参数化设计软件还比较陌生。因为其具有较强的构建复杂形体的功能，软件本身逻辑性和严谨性较强，这对设计工作者数学和逻辑思维能力也提出了挑战。

常见的参数化设计建模软件根据其开发原理分为两类：第一类是基于现有的三维建模软件平台进行研发的参数化设计插件，该类插件建模过程中所有输入输出参数和模型的变化形态均可视，例如美国 Robert McNeel & Associates 公司基于 Rhino 开发的 Grasshopper、铿利科技（Gehry Technologies）基于 CATIA 开发的 DP（Digital Project）以及欧特克（Autodesk）公司基于 AutoCAD 开发的 Revit 等；第二类是直接运用计算机脚本语言进行编程的软件，例如基于 Rhino 平台的 RhinoScript、Processing 等。以上软件具体介绍如表 1-2 所示。

**表 1-2　常见参数化设计建模软件**

| 软件名称 | 软件相关界面 | 功能介绍 |
|---|---|---|
| DP | | 该软件基于 CATIA 的盖里技术，由 Gehry Technologies 公司开发，是当今最先进的建筑建模软件之一。该软件于 2004 年发布，世界上众多顶级建筑设计事务所均使用该软件，如 Zaha Hadid Architects、KPF 等事务所。该软件的特点是可进行复杂、有创造性的设计，且模型精确可控，但由于数据量大，软件运行耗时较长 |
| Revit | | 该软件是由 Autodesk 公司开发的 BIM（building information model）软件，基于 AutoCAD 平台编写。Revit 支持建筑全生命周期设计管理，支持建筑设计、结构设计、建筑设备等众多模块，其特点是可实现全部模型的联动功能，对模型任意部分进行修改，软件都会对其他相关联部分做出自动调整 |

| 软件名称 | 软件相关界面 | 功能介绍 |
|---|---|---|
| Grasshopper | | Grasshopper 基于 Rhino 软件平台运行，是一款参数化设计插件，支持可视化编程语言。GH 弥补了 Rhino 着重手动建模这一不足，重点应用于参数化设计建模。目前，GH 已成为 Rhino 6 自带插件，为设计师带来了方便 |
| Processing | | 该软件最初于 21 世纪由美国麻省理工学院的 Casey Reas 和 Benjamin Fry 发起创立，基于 Java 语言开发，主要目的是鼓励普通人接触编程、学会编程。与一般通用计算机语言（Java、C 语言、Python 等）不同，它们改变了传统编写程序的方式，将语法简化，实现可视化编程，在此过程中生成的模型可视，大大提高了人机交互性 |
| RhinoScript | | 脚本（Script）为可编辑的文字命令，一般基于通用计算机语言编写，目前众多三维建模软件均支持脚本语言，如 Rhino 中的 RhinoScript、Grashopper 中的 GhPython Script 和 VB Script 等 |

由表 1-2 可知，实现参数化设计建模的软件众多，这为设计师的创作提供了更多选择。由于 Rhino 曲面建模能力较强，Grasshopper 又基于该软件开发而来，且 Grasshopper 可以与 Rhino 紧密结合进行三维几何图形构造和编辑，比较适用于自由曲面空间结构网格参数化设计建模，因此本书选择 Grasshopper 作为参数化设计建模平台。此外，如今建筑设计师在进行复杂曲面造型建筑设计时也逐渐采用 Rhino＋Grasshopper 的方式，结构设计若运用该方式可实现建筑设计师与结构设计师的信息快速沟通，甚至真正实现建筑结构一体化设计。

## 1.4.2 结构分析平台 SAP2000 二次开发与程序设计架构

目前空间结构设计与分析应用较多的软件包括同济大学开发的 3D3S、浙江大学开发的 MST、韩国 MIDAS IT 公司开发的 MIDAS GEN、美国 CSI 公司开发的

SAP2000。其中 SAP2000 提供了 API（application programming interface，应用软件编程接口），设计人员可以通过这些接口对软件进行二次开发，从而实现自定义的特殊功能，符合本书开发需要。尤其是其 v23 版本引入了 Database Tables 数据库查询功能，使得数据交互更为方便，因此本书选取 SAP2000 v23 作为实现空间网格结构自动化设计的软件。

SAP2000 起源于结构分析软件 SAP（Structural Analysis Program），是 1996 年加州大学伯克利分校的 Edward Wilson 教授团队开发出的结构分析软件。经过几十年的发展，该软件在全球范围内受到了广泛的认可，现已成为一款通用的结构分析与设计软件，在交通运输、工业、建筑结构等各个领域都有应用，其操作界面如图 1-5 所示。SAP2000 采用基于对象的非线性有限元技术，分析计算功能十分强大，求解器稳定高效，在结构设计方面，支持中国、欧洲及美国规范，具备不同国家的钢结构数据库，其钢结构的自动优化设计功能可根据用户给定的截面库按目标位移值和应力比进行截面优化设计，从而实现方便快捷的交互式设计。

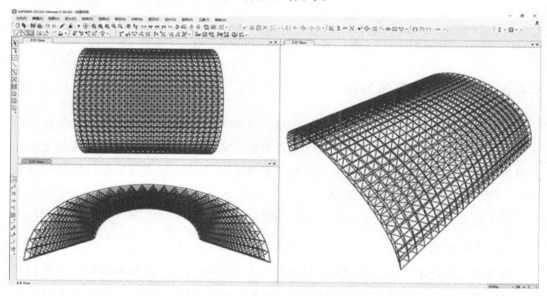

**图 1-5　SAP2000 v23 操作界面**

SAP2000 的一个优势在于它所提供的 API，该功能从 SAP2000 v11 开始引入，用户可以自行编写程序，通过 API 控制 SAP2000，调用 SAP2000 的各种功能，实现自动建模，自动分析，自动调整参数、迭代运行；通过开发一些前后处理程序，还可实现参数化建模、图形输出、计算输出等功能。SAP2000 API 的存在极大地减少了用户的工作量，使得参数化建模软件与结构有限元分析软件之间的数据流动成为可能，特别适合本书空间网格结构自动化设计的需求。图 1-6 为 SAP2000 API 的官方说明文档，其中包含了常用的接口定义、材料定义、截面定义、单元定义、工况定义、分析设计、数据处理等功能，并给出了示例代码。

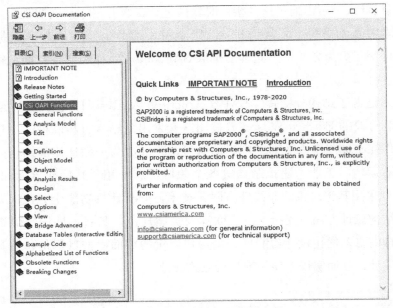

图 1-6 SAP2000 API 官方文档

### 1.4.3 数字化设计基本原理

数字化设计是一种基于参数的设计方法，其基本原理是将设计过程中的参数提取出来，以便对其进行修改和优化。数字化设计的优点在于可以大大提高设计的灵活性和可重复性，以及缩短设计和开发的时间。数字化设计的实现需要依靠计算机软件和工具，例如 Grasshopper 和 SAP2000。

数字化设计的过程可以分为如下三个步骤：

（1）参数定义

在参数化设计中，首先需要定义设计中需要修改的参数。这些参数可以是几何尺寸、材料属性、约束条件或其他设计变量。参数的定义可以通过 Grasshopper 的输入端口来实现。

（2）算法设计

算法设计是参数化设计的核心部分，算法需要根据参数的定义来满足设计的具体要求。算法的实现需要用到 Grasshopper 中的组件和工具，并且需要基于具体的设计目标进行优化。

（3）参数优化

在算法设计完成之后，需要对参数进行优化。这个过程需要根据设计目标和约束条件确定优化算法和优化参数。优化算法可以是遗传算法、神经网络算法或其他算法。参数优化的结果可以通过 Grasshopper 的输出端口进行输出。

　　参数化设计的优点在于可以提高设计的效率和质量，同时也可以提高设计的可维护性和可重复性。在参数化设计中，设计师可以通过修改参数来快速修改设计，而不需要重新绘制整个模型。此外，参数化设计可以使设计更加可靠，因为它可以减少错误和不一致性。

　　通过对结构设计理论和参数化设计理论的对比，不难发现，两者之间存在着众多具有实践意义的契合点。在计算机虚拟空间里，"参数化"实现了模拟物质世界里的"关联性"和"演变"，将主要控制因素转化为参数变量，由局部到整体构建逻辑，并对自由曲面网格的构建过程进行可视化记录。而 Rhino 和 Grasshopper 恰能完全诠释该过程：Grasshopper 负责构造算法逻辑和生成参数，Rhino 负责将程序结果呈现给用户。

　　将结构设计与参数化设计结合，可进一步提高结构的设计效率，同时可实现数字技术下的建筑与结构一体化设计。通过对各类软件平台的对比，本书利用三维建模软件、参数化设计软件与脚本语言相结合的方式，通过"Rhino＋Grasshopper 及其插件＋脚本语言 GhPython Script"实现结构的参数化设计建模、形态优化、网格划分及拓扑优化。

## 参考文献

[1] Santos R，Costa A A，Grilo A．Bibliometric analysis and review of building information modelling literature published between 2005 and 2015 ［J］．Automation in Construction，2017，80：118-136.

[2] 黄越．初探参数化设计在复杂形体建筑工程中的应用 ［D］．北京：清华大学，2013.

[3] 徐卫国．参数化设计与算法生形 ［J］．世界建筑，2011（6）：110-111.

[4] Kelley D S．Pro/ENGINEER Wildfire 机械设计教程 ［M］．孙江宏，译．北京：清华大学出版社，2005.

[5] 高岩．参数化设计：更高效的设计技术和技法 ［J］．世界建筑，2008（5）：28-33.

[6] Glymph J，Shelden D，Ceccato C，et al．A parametric strategy for free-form glass structures using quadrilateral planar facets ［J］．Automation in Construction，2004，13：187-202.

[7] 程煜，刘鹏，Citerne D，等．结构参数化设计在北京 CBD 核心区 Z15 地块中国尊大楼中的应用 ［J］．建筑结构，2014，44（24）：9-14.

[8] 刘凯，陈翔，颜涛．基于 Grasshopper 参数化设计的异形空间网架结构建模新方法及结

构比选［J］. 建筑结构，2018，48（21）：81-83.

[9] 杨笑天，周健. 悬链形空间网格结构的参数化建模与优化分析［C］//第十七届空间结构学术会议论文集. 西安，2018：128-136.

[10] 李彦鹏，周健. 基于 GH 平台的自由曲面形态构建与优化［J］. 建筑结构，2019，49（S1）：328-332.

[11] 黄卓驹，丁洁民，毛明超. 某展览馆结构 Grasshopper 参数化设计［J］. 结构工程师，2016，32（1）：1-4.

[12] 朱鸣，王春磊. 使用犀牛软件及 Grasshopper 插件实现双层网壳结构快速建模［J］. 建筑结构，2012，42（S2）：424-427.

[13] 刘凯，陈翔，颜涛. 基于 Grasshopper 参数化设计的异形空间网架结构建模新方法及结构比选［J］. 建筑结构，2018，48（21）：81-83.

[14] 夏若楠. 考虑约束的多重曲面空间结构网格生成方法与程序开发［D］. 南京：东南大学，2024.

[15] 敖志刚. 人工智能与专家系统导论［M］. 合肥：中国科学技术大学出版社，2002.

[16] Hammad A，Itoh Y，Nishido T. Bridge planning using GIS and expert system approach［J］. Journal of Computing in Civil Engineering，1993，7（3）：278-295.

[17] 刘靖斌. 基于模糊综合评判法的大跨度空间结构选型的优化研究［D］. 阜新：辽宁工程技术大学，2007.

[18] 张琼. 基于遗传神经网络的大跨空间结构选型辅助专家系统［D］. 大庆：东北石油大学，2017.

[19] 王力，刘晓燕，吕大刚，等. 大跨空间结构智能方案设计的评价与决策系统［J］. 哈尔滨工业大学学报，2005，37（10）：26-28.

[20] 王力，吕大刚，刘晓燕，等. 大跨空间结构智能选型方案生成系统［J］. 哈尔滨工业大学学报，2004，36（11）：1435-1438.

[21] 王光远，张世海，刘晓燕，等. 高层结构方案实例库系统及其在结构智能选型中应用［J］. 工程力学，2003，20（4）：1-8.

[22] Blum C，Roli A. Metaheuristics in combinatorial optimization：overview and conceptual comparison［J］. ACM Computing Surveys，2003，35（3）：268-308.

[23] Holland J H. Adaptation in natural and artificial systems［J］. Siam Review，1976，18：529-530.

[24] 姜正荣，林全攀，石开荣，等. 基于混合智能优化算法的弦支穹顶结构预应力优化［J］. 华南理工大学学报（自然科学版），2018，46（9）：36-42.

[25] Zheng H，Moosavi V，Akbarzadeh M. Machine learning assisted evaluations in structural design and construction［J］. Automation in Construction，2020，119：103346.

[26] Goodfellow I J，Pouget-Abadie J，Mirza M，et al. Generative adversarial networks［J］.

Communications of the ACM, 63 (11): 139 - 144.

[27] 陆新征, 韩进, 韩博, 等. 基于规则学习与编码的剪力墙智能设计优化 [J]. 东南大学学报（自然科学版）, 2023, 53 (6): 1199 - 1208.

[28] Sutton R S, Barto A G. Reinforcement learning: an introduction [M]. 2nd ed. Cambridge, MA: The MIT Press, 2018.

[29] Lai T L, Robbins H. Asymptotically efficient adaptive allocation rules [J]. Advances in Applied Mathematics, 1985, 6 (1): 4 - 22.

[30] Shea K, Aish R, Gourtovaia M. Towards integrated performance-driven generative design tools [J]. Automation in Construction, 2004, 14 (2): 253 - 264.

[31] Frazer J. Creative design and the generative evolutionary paradigm [M] //Bentley P J, Corne D W. Creative Evolutionary Systems. San Francisco: Morgan Kaufmann, 2002: 253 - 274.

[32] Yang X F, Yoshizoe K, Taneda A, et al. RNA inverse folding using Monte Carlo tree search [J]. BMC Bioinformatics, 2017, 18 (1): 468 - 474.

[33] Singh V, Gu N. Towards an integrated generative design framework [J]. Design Studies, 2012, 33 (2): 185 - 207.

[34] Kallioras N A, Lagaros N D. DzAIℕ: deep learning based generative design [J]. Procedia Manufacturing, 2020, 44: 591 - 598.

[35] Shea K. Essays of discrete structures: purposeful design of grammatical structures by directed stochastic search [D]. Pittsburgh: Carnegie Mellon University, 1997.

[36] Shea K, Zhao X. A novel noon mark cantilever support: from design generation to realization [C] //IASS 2004: Shell and Spatial Structures from Models to Realization. Montpellier: IASS Secretariat, 2004: 378 - 383.

[37] 张涛. 基于用户偏好与效率改进的平面桁架设计方法研究 [D]. 上海: 同济大学, 2023.

# 第二章

# 土木建筑数字化设计平台及程序开发

## 2.1 参数化设计平台 Rhino 和 Grasshopper 简介

Rhino 是美国 Robert McNeel & Associates 公司于 1998 年开发的安装于个人计算机上的强大的专业 3D 造型软件，它可以广泛地应用于三维动画制作、工业制造、科学研究以及建筑设计等领域。Rhino 基于非均匀有理 B 样条（NURBS）理论，具有强大建模功能，其建立的模型既精确又适于工业制造，尤其是在创建平滑的自由曲面方面展现出强大的能力，且不受精度、复杂程度、阶数或尺寸的限制；Rhino 还具有快速修改能力，用户可以选择多种模型修改操作，包括曲线、曲面和实体编辑等，在不改变约束的情况下用户可以任意地修改模型；另外，它还具有多种文件格式/数据格式，可以与其他软件进行数据传递。这些特点使 Rhino 赢得了广大设计师的青睐，确立了其在计算机辅助 3D 设计领域的重要地位。Rhino 7.10 操作界面如图 2-1 所示。

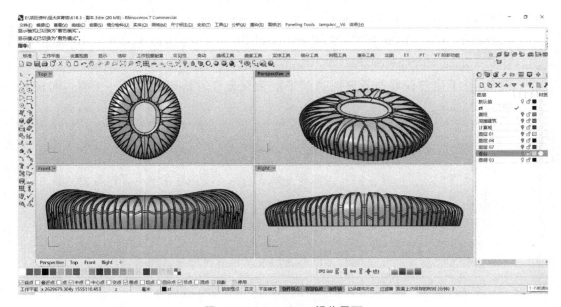

图 2-1　Rhino 7.10 操作界面

Grasshopper 是 Robert McNeel & Associates 公司开发的一款依赖于 Rhino 环境的、可视化节点式的编程插件。它采用程序算法的逻辑，允许用户计算机下达复杂的逻辑命令进行模型建构、模型调整。图 2-2 为 Grasshopper 软件界面。

（a）启动界面

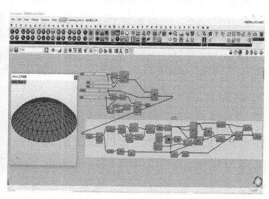

（b）操作界面

**图 2-2　Grasshopper 软件界面**

Grasshopper 的核心概念是"数据流"，即在定义的算法中数据从输入到输出的流动。Grasshopper 的用户可以通过创建输入和输出端口来定义算法的输入和输出，从而使数据流动起来。用户还可以使用各种组件创建算法，这些组件涵盖了从基本的数学和逻辑操作到高级的三维建模和分析工具。这些组件可以自由组合，形成不同的算法，并支持图形化编程。

作为当今最流行的参数化设计软件，Grasshopper 具有如下特点：

（1）节点式可视化数据操作

Grasshopper 最显著的特点便是其功能全面的运算器所提供的节点式可视化编程操作，这些运算器包括参数输入与输出、数值运算、列表与树形数据操作，以及 Rhino 中各种几何类型的创建、分析与变动。程序运算中将复杂的代码封装成"电池"，"电池"之间的数据流动由直观的连线实现，这使得即使没有编程基础的用户也可以轻松编写自己的程序，从而使设计人员将精力集中在设计思维本身而非程序编写。图 2-3 为一简单的加法求和程序，展示了 Grasshopper 完整的工作流，包括输入参数、连线数据传递、求解运算器以及输出参数。

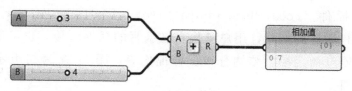

**图 2-3　求和程序**

（2）动态实时的成果展示

与脚本编写后执行的工作模式不同，Grasshopper 的每个运算器在识别到有新的输入项或者已有输入项发生变化时，都会以最新数据再次运行内部程序，并将最新结果传递给 Rhino，实时显示运行结果。另外，还为用户提供了数值滑动条 Number Slider 运算器，能够实现简便快捷的重赋值操作，使用户在调整与揣摩设计结果时具有更加自由与细致的观察力，得到更全面的测试反馈。

（3）严谨的数据化建模操作

Grasshopper 的操作均以数据为依据，这是由其可视化编程的工作本质决定的，这也使得其获得了计算机语言的高效性、准确性与无限可能性。只要将建模思路转译为算法，就可利用 Grasshopper 组建复杂的模型，并通过控制参数的变化，达到快速调控模型的目的。在建模与调控的过程中，Rhino 中模型的实时显示起到监视程序编写的作用，这对于大多数迎合当今参数化设计思潮的建模思路的实现十分有利。

（4）完整的数据保存与反馈

Grasshopper 所创造的形体在用户操作层面就强调了严谨的数据传递关系，在建模过程中这些数据均由运算器完整地保存下来；另外，各个过程所产生的图形都可以被相应的运算器转化为数据，通过 Bake 和 Select 命令还可实现与 Rhino 模型数据的交互。在当今复杂的形体设计中，2D 图纸甚至 3D 模型都已无法满足建造的信息需求，而利用图形附带的数据并加以一定的处理，即可给出一套完整的用于实施建造的数据依据与优化方案，这在当今的 BIM 与数字化趋势中显得尤为重要。

（5）开放的用户自定义与开发

作为一种高级编程语言开发的插件，Grasshopper 具有极大的开放性，允许用户利用高级语言进行广泛的插件自定义功能扩展。插件内部，Grasshopper 提供了 . NET 框架下的 C♯ Script、VB Script 以及 GhPython Script 三种脚本编程运算器，用户可开发自己的运算器并保存为用户自定义永久使用；另外，还可直接在 Microsoft 开发的 Visual Studio 中编写完整的用于生成自定义运算器的程序，作为 Grasshopper 的插件。Food4Rhino（https：//www. food4rhino. com/）是专门提供 Grasshopper 插件服务的网站，用户可将自己编写的插件上传，也可下载他人上传的插件，其种类包括建模、结构分析、可视化等。图 2-4 为与土木工程相关的 Grasshopper 插件。

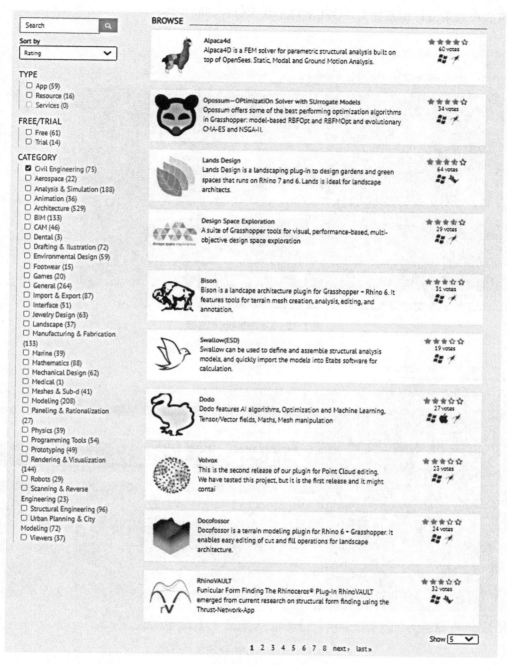

图 2-4　Grasshopper 插件

　　Grasshopper 是一款基于 Rhino 平台运行，并运用可视化编程语言进行参数化建模的插件，是目前参数化设计的主流软件之一，用户可以通过在 Rhino 命令行直接输入 Grasshopper 或点击工具栏中的图标运行，如图 2-5 和图 2-6 所示。目前，Grasshopper 在建筑设计领域应用较多，近几年国内众多大型公共建筑曲面造型复杂，建筑表皮效果设计难度加大，GH 赢得了众多设计师的青睐。

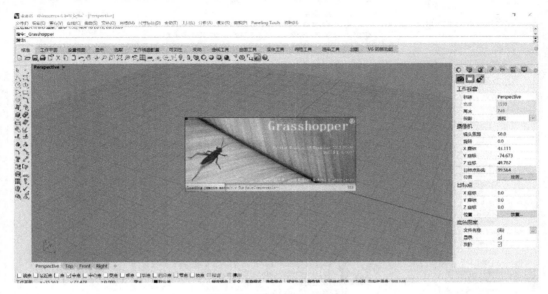

图 2-5　Grasshopper 图标

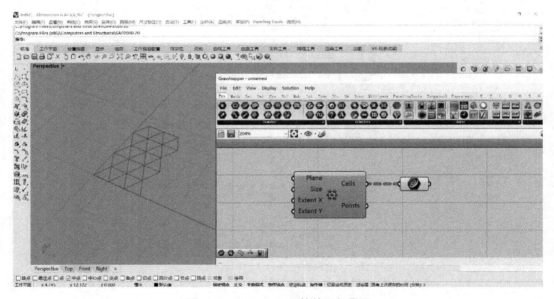

图 2-6　Grasshopper 软件运行界面

　　Grasshopper 是一种图形算法编辑器，它与 Rhino 紧密集成，帮助用户生成独有的算法以探索目标形状。与普通的计算机语言不同，GH 不需要学习大量程序语言知识，可直接编写程序，但允许用户通过流程图的形式根据构建逻辑组合模型生成器，这也要求用户有一定的编程基础。因为 GH 中特殊的程序语言是基于传统的计算机语言优化而来的，对编程过程和数据格式有一定限制，因此，这对普通设计师来说有一定技术门槛。

相比于 Rhino，GH 提供了独特的矢量功能，大多数用户对此有一些陌生。在传统的建模软件中，用户通过手工控制实现移动、阵列等命令，而这些工作实质上都是在重复确定距离和方向，是在完成矢量操作。矢量是有大小和方向的量，在 Grasshopper 中用矢量工具来替代手工操作，通过输入数据和程序运行来完成。Grasshopper 软件主要特点如下：

（1）处理复杂曲线、曲面的能力强

由于 Grasshopper 基于 Rhino 平台运行，因此它集成了 Rhino 的众多优势。Rhino 是一款基于 NURBS 理论的超级三维建模软件，其在曲线、曲面和实体的建造、编辑、分析等方面精确可控，不受模型复杂程度、阶数的限制。图 2-7 中显示的是利用 GH 对鸟巢外表皮结构骨架的建模程序，程序中的命令可直接对曲线、曲面进行处理。

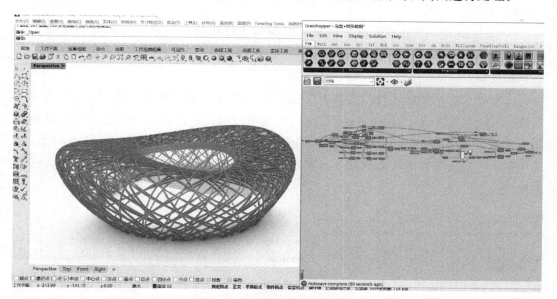

**图 2-7　Grasshopper 建模程序**

（2）可视化

编程可视化是 Grasshopper 作为一款参数化设计软件相较于传统计算机语言最突出的特点，直接解决了人机交互问题，程序每一步运行结果均可在 Rhino 界面中显示。GH 建模的本质还是算法编程，开发者巧妙地将具有不同功能的基础代码作为一个小程序独立打包并装入一个"电池"，常称之为运算器，而运算器间的数据传输依靠"导线"，如图 2-8 所示。用户将自定义的算法逻辑和几何编辑过程通过"电池"和"导线"组合成完整程序，可直观呈现用户的设计思路，整个程序类似于一张大的流程图，每一步数据流向和建模逻辑都直观呈现。

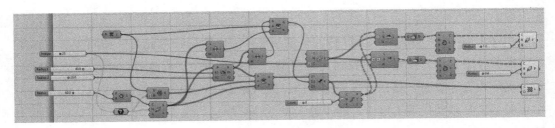

图 2 - 8　"电池"和"导线"

在 GH 中，"电池"主要分为两种类型：第一种为参数"电池"，第二种为运算器"电池"。与常规计算机语言类似，GH 中也包含不同的数据类型，而参数（parameters）就是其对象，包括整数、实数、列表、布尔值以及用于几何建模的点、曲线、曲面等，这些参数可直接输入也可在"电池"中存储调用，而几何数据也可在 Rhino 工作界面中拾取。运算器（calculator）是数据处理工具，其数据输入与参数"电池"相同。

Grasshopper 编程可视化这一特点，使参数化建模的门槛降低，工具栏中近千个"电池"可满足设计师参数化建模的使用需求，这对用户来说无疑是一款人机交互友好的参数化软件。

在 GH 中，可视化不仅指编程可视化，其建模过程同样可视，当"电池"的输出数据为几何参数时均可在 Rhino 运行窗口中显示，用户可自由选择任意步骤的结果显示或隐藏，方便检查每一步结果的准确性和查找错误。如图 2 - 9 所示，左边 Rhino 界面中显示的图形为右侧选中的两个运算器的运行结果，而其他运算器的运行结果已被隐藏。

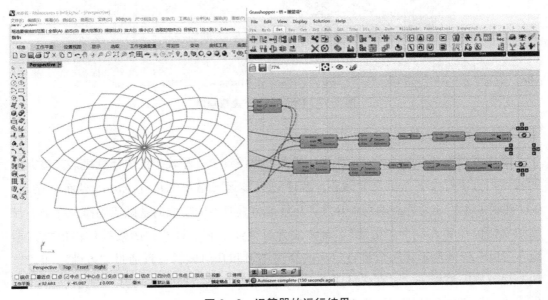

图 2 - 9　运算器的运行结果

（3）运行过程动态化

将参数输入运算器后，运算器将自动运算并在 Rhino 界面实时展示运行结果，当输入参数变化时，结果会同时做出调整。通过直接改变数值滑动条 Number Slider 的数据赋值，程序会重新运算引起结果的动态更新。在参数模型构建过程中，运算器逐渐增加，"电池"间的连线增多，模型复杂程度提高，整个动态过程都可以在用户眼前呈现。每一个"电池"的图标代表着参数或运算器的功能，通过"导线"的连接建立图形，整个模型的动态生成过程实时展现了算法编写的逻辑。图 2-10 中的逻辑过程为：一组半径呈以 4 为首项、10 为公差、6 为项数的等差数列的同心圆沿 z 轴分别移动等差数列高度［图 2-10（a）］，程序运行结果如图 2-10（c）所示。程序中当等差数列项数由 6 改为 10 时［图 2-10（b）］，程序运行结果如图 2-10（d）所示，也会随之改变。

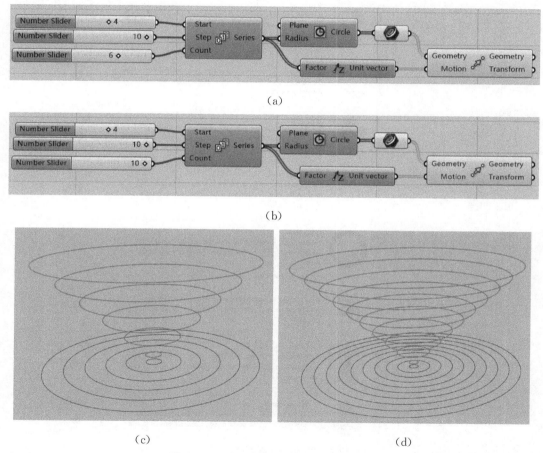

图 2-10　Grasshopper 运行过程动态化

（4）运行结果可调

在所有项目推进过程中，模型的生成并非一蹴而就，都会进行调整或修改。由于

GH 是通过用户编写的算法程序来运行的，因此设计过程中大量机械性重复工作程序会自动运算，甚至很多模型逻辑进化过程也可以被程序中的循环迭代运算所取代，用户可以通过修改输入参数直接调整方案模型，这些方式都将快速提高用户的工作效率。

（5）良好的扩展性

与众多计算机语言类似，Grasshopper 具有可扩展性，除了自带的运算器能满足用户的建模需求外，为满足用户的不同需求还有众多基于 GH 编写的插件。Food4Rhino（https：//www.food4rhino.com/）是专门提供插件服务的网站，用户可以在该站找到对自己有用的 Grasshopper 插件。如图 2-11 所示，这些插件是众多公司或个人根据自身需求编写的各类运算器，可用于建筑建模、结构分析、城市规划、环境设计、数据交换等。

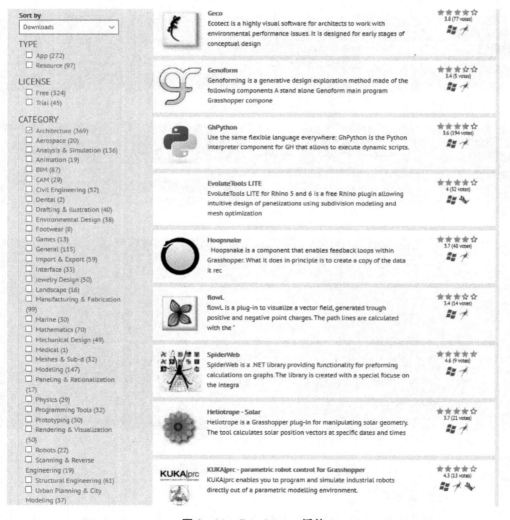

**图 2-11　Grasshopper 插件**

随着插件队伍的不断壮大，众多功能得以参数化实现，这使 Grasshopper 建模功能日益强大。图 2-12 展示了 Kangaroo、LunchBox、Kramba 3D 三款插件的运算器。其中，袋鼠（Kangaroo）主要用于受力分析和动力模拟，通过节点或杆件的受力平衡实现几何优化，有助于曲面形态优化和批量生产；LunchBox 主要用于数据读写、面板系统、结构布置和工作流程；Kramba 3D 是一款用于结构力学性能分析的插件，用户可通过定义材料性质、施加荷载对几何模型进行应力、位移等力学参数分析，解决了 GH 建模后不能直接进行结构分析的问题。以上插件仅是几款常用插件，此外，还有近千种插件供用户选择。

(a) Kangaroo 运算器

(b) LunchBox 运算器

(c) Kramba 3D 运算器

**图 2-12 插件介绍**

（6）支持多种脚本语言

通过脚本语言生成参数模型是最直接高效的方法。当几何体非常复杂时，脚本语言可通过程序语言和数学公式直接运算，其数据量的处理能力要远远超出人脑想象范围。相较于传统软件，脚本技术有其特有的优势：处理重复工作速度快，节省时间；通过控制运算法则可快速进行结果对比；使用通用计算机语言，可实现的功能没有限制。

针对现有的插件不能满足用户特定的编程要求的情况，Grasshopper 提供了三款特殊运算器，分别是 C♯ Script、VB Script 和 GhPython Script，如图 2-13 所示。以上三款运算器分别支持三种计算机语言用于脚本编程，为用户的发挥提供了足够的空间，但也对用户的编程能力提出了挑战。如图 2-13 和图 2-14 所示，用户打开 GhPython Script 运算器后可直接进行程序编写处理输入数据并输出，输入和输出的参数数量不受限制，其中输入端的数据类型用户可自行定义。

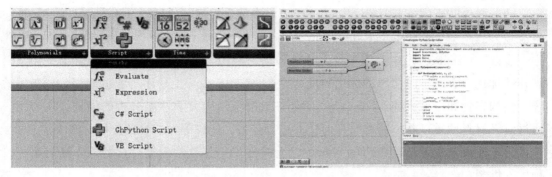

图 2‑13　Grasshopper 内置脚本语言运算器　　　图 2‑14　GhPython Script 编程界面

## 2.2　Grasshopper 在数字结构设计中的应用

Grasshopper 软件在数字结构分析中的应用非常广泛。利用 Grasshopper 提供的强大算法功能，可以快速、准确地分析建筑结构的稳定性、强度、振动等各项性能指标，为建筑结构设计提供有力的支持。

（1）结构模拟分析

Grasshopper 可以连接 Rhino 3D 软件中的建筑模型，利用各种模拟算法进行结构模拟分析，包括有限元分析、动力学分析、热力学分析等。这些分析结果可以为设计师提供建筑结构设计的重要参考。

（2）结构优化设计

利用 Grasshopper 提供的智能化算法功能，可以实现结构的优化设计。例如，在设计建筑结构时，用户可以利用 Grasshopper 提供的优化算法，自动调整结构的形状和材料，以达到最优的结构设计效果。

本节将从主要应用插件和应用工程实例两个方面进行介绍。

### 2.2.1　数字结构设计插件

（1）Karamba

Karamba 是 Grasshopper 插件中一款具有代表性的力学分析插件，可提供空间桁架、框架结构和壳体的精确分析结果。在 Karamba 中添加边界条件、荷载、材料属性等，即可完成弹性受力分析，这就使得参数化模型与有限元计算和优化算法能够更好地结合起来。其包含了多种分析的算法，较为常用的有大变形分析、屈曲模式分析、模态分析、梁的双向渐进结构优化分析、壳体的双向渐进结构优化分析、壳体的补强加固设计分析。

Karamba 提供了多种分析反馈结果，包含变形能量、节点位移、应变能、梁的利用率、壳体利用率、梁的位移、合成截面力、壳体上的力学流线、壳体上的等值线、壳体上的主应力方向等。图 2-15 为一网格结构采用 Karamba 进行结构分析的流程图及可视化效果图，图 2-16 为采用 Karamba 的大变形分析功能进行网格结构的找形优化。

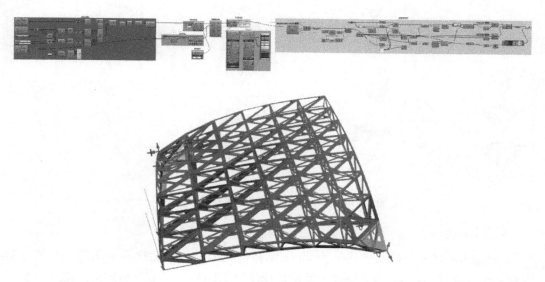

**图 2-15　采用 Karamba 进行网格结构静力分析**

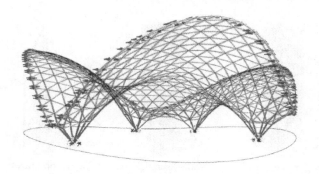

**图 2-16　采用 Karamba 进行网格结构找形优化**

（2）3D Graphic Statics

3D Graphic Statics 插件通过图解静力学提供了一种结构找形方法，空间力的系统可以通过将力多面体组合成一个三维的力多面体图解的方式进行设计，即力图解和形图解。该插件的常用功能包含形状查找、计算力、生成截面等。有了这个数字工具，设计师和研究人员可以创建一个参数驱动系统，生成特定美学的最佳结构，如图 2-17 所示。

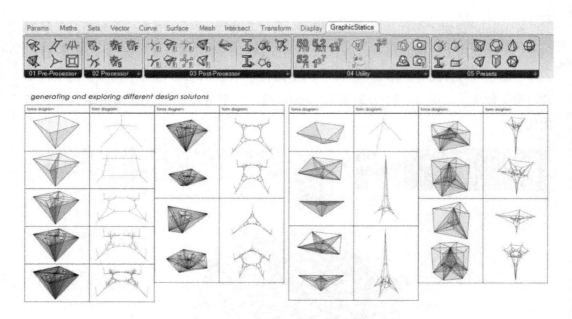

**图 2 - 17　3D Graphic Statics 图解静力学插件**

（3）Peregrine

Peregrine 是一个强大的 Grasshopper 结构优化插件，其优化算法用的是几何布局优化算法，这与 Ameba 的扩展渐进结构优化法是不同的，近乎全局最优的解决方案可以在几秒钟内得到，如图 2 - 18 所示。

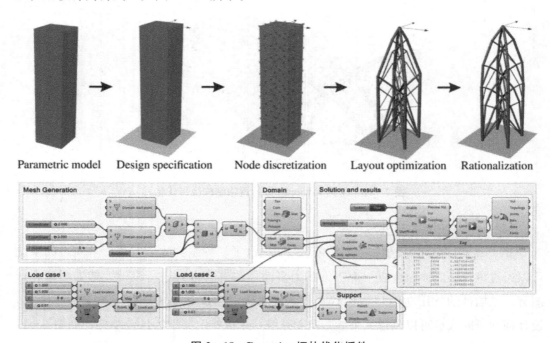

**图 2 - 18　Peregrine 拓扑优化插件**

（4）Swallow

Swallow（ESD）是一款基于 GH 平台开发的建筑结构一体化辅助设计插件，由中南建筑设计院工程数字技术中心团队开发，主要包括四大功能模块：结构信息定义、结构模型组装、计算结果处理、模型导入与导出。

Swallow 可用来定义层高、截面属性、荷载和节点约束等属性，并将这些属性与 GH 中的几何体绑定后组装成结构分析模型，并通过相应的 API 函数将 GH 与 SAP2000、Etabs 软件直接关联起来，以方便程序调用，如图 2‑19 所示。

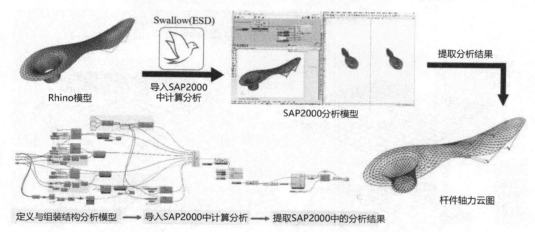

**图 2‑19　Swallow 结构参数化设计插件**

（5）Kangaroo

Kangaroo 将动力学计算引入 GH 中，通过物理力学模拟进行交互仿真、找形优化、约束求解。将其应用于壳体和膜结构设计中，可以极大地节省找形优化时间。Kangaroo 可以自定义边界和受力大小，通过主模拟器的运算使整个形体达到受力平衡。需要注意的是，Kangaroo 仅能针对网格进行操作，并且其受力点均为网格顶点，随着 Rhino 7.10 的 SubD 网格功能的极大增强，Kangaroo 的应用也会越来越方便，图 2‑20 为采用 Kangaroo 进行膜结构找形。

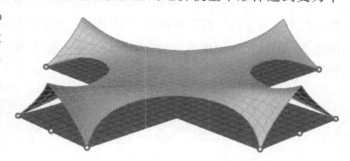

**图 2‑20　采用 Kangaroo 进行膜结构找形**

（6）Emu

Emu 是一款交互式结构分析和找形工具，其基于 6DOF（6 自由度）动力松弛法进行计算分析，允许工程师和设计师进行双轴弯曲和扭转仿真。它旨在用于早期设计阶段，但同时提供真实的结构反馈。图 2‑21 为采用 Emu 对一网壳结构进行找形分析。

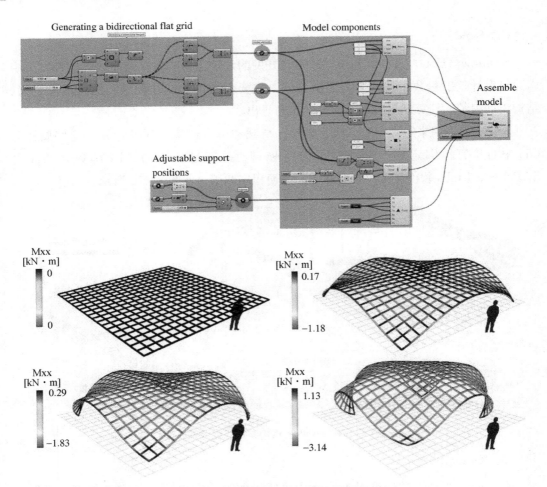

**图 2 - 21　采用 Emu 进行网壳结构找形**

（7）Kiwi！3D

Kiwi！3D 是一款基于 isogeometric analysis（IGA）技术的结构分析插件。IGA 的特点在于使用非均匀有理 B 样条（NURBS）曲线作为有限元的基函数，因此它允许直接在 NURBS 上运行仿真，而无须网格划分，极大地提高了建模与分析效率。其原理如图 2 - 22 所示。

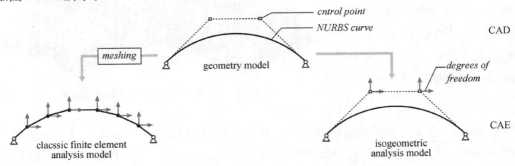

**图 2 - 22　IGA 技术原理**

Kiwi！3D支持壳、膜、梁和索等单元类型，它能够修剪曲面以及多重曲面，还可以解决线性和几何非线性结构分析问题，此外，它还支持张拉结构的找形优化分析。图2-23为采用Kiwi！3D直接对一NURBS曲面壳体进行分析。

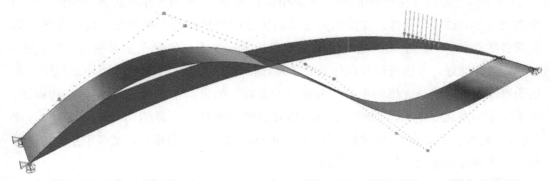

**图 2 - 23　采用 Kiwi！3D 进行壳体分析**

## 2.2.2　数字化设计工程实例

（1）南京欢乐谷广场与东侧大门设计

南京欢乐谷主题乐园的东大门是全球最大的改性塑料3D打印建造体，其建筑设计与数字建造者为创盟国际和一造科技，结构设计者为谢亿民工程科技（常州）有限公司，该公司也是Grasshopper插件Ameba的开发团队。设计团队面临的最大问题是基于参数化设计的拓扑几何形体如何转译为可建造的模式语言，为此还自主研发了FURobot软件平台，将建造设想转译成机器人加工路径的设计，如图2-24所示。

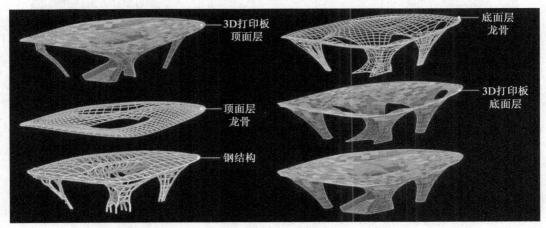

**图 2 - 24　南京欢乐谷广场与东侧大门数字设计**

通过数控激光定位与扫描系统为每个3D打印外挂板进行精确定位，并搭建了数字工地，能够形成全局智能感知与反馈，该项目也成为全球规模和尺度最大的改性塑料3D打印建筑实践之一。

（2）杭州奥体中心体育场

杭州奥体中心体育场占地面积 430 亩，总建筑面积 22.9 万 $m^2$，地上六层，地下一层。整个体育场的莲花造型由 55 片花瓣组成，其中 28 片为大花瓣造型，并且一大一小构成一个和谐的单元体。花瓣的间隙留白致敬中国传统的景窗造型，使体育场外部景观自然地融入内部空间。花瓣使用布满直径 5 mm 小孔的穿孔金属板（铝镁锰板）制成，透光性好，并且可以看到外面的景观，在保证私密性的同时遮挡外面风尘。半透明罩棚随着时间与光影的变化，展现"大莲花"的灵动。体育场采用钢结构框架，钢罩尺寸为南北 333 m，东西 285 m，经过多轮调整优化，总用钢量仅 2.8 万 t，比"鸟巢"减少了 1.4 万 t。该项目采用 Grasshopper 进行参数化设计，实现了整体结构方案的快速调整与优化，如图 2 - 25 所示。

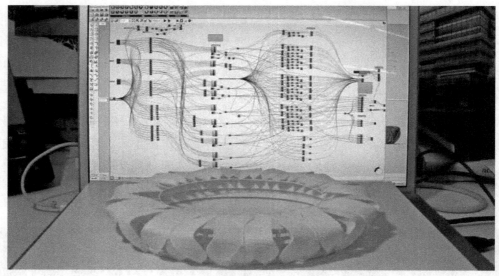

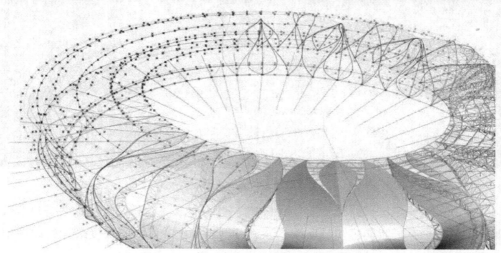

图 2 - 25　杭州奥体中心体育场参数化设计

（3）云洞图书馆

云洞图书馆位于海口市，其建筑设计团队为马岩松带领的 MAD 建筑事务所，工程设计单位是华东建筑设计研究院，施工单位为北京益汇达清水建筑工程有限公司。正是因为有高质量的施工，才会带来如此惊艳的效果，云洞图书馆的建成，为我国异形清水混凝土建筑打开了一个全新的世界，如图 2-26 所示。

**图 2-26　云洞图书馆效果图**

建筑主体通过三维建模和数控机床制作而成。在三维异形曲面的定位测量中，施工方益汇达团队采用了数字化的施工技术，借助 Rhino 和 Grasshopper 提取世界轴网坐标定位，然后计算导出 CAD 图纸以及 Excel 文档，以此来辅助模板定位，在定位盘上即可完成定型背楞的点位、矢量朝向定位。

## 2.3　非均匀有理 B 样条（NURBS）曲线曲面理论

### 2.3.1　NURBS 方法的提出及特点

自由曲面的造型技术始于 20 世纪中期，在 NURBS 方法提出之前，应用较多的为 Bezier 方法和 B 样条方法，这些方法均通过控制点和多项式插值来表示自由曲线曲面造型。

Bezier 方法于 1962 年由法国工程师皮埃尔·贝塞尔（Pierre Bézier）提出，Bezier 曲线是计算机图形学中相当重要的参数曲线，PowerPoint、Photoshop 等软件中所用的曲线模型均为 Bezier 曲线，其特点为每个控制点对曲线的整体形态均会产生影响，这使得在生产实践中若要构造复杂图形，则需要多条曲线连接，连接点处相切连续，若要维持更高次数的连接性则较为复杂。

为解决 Bezier 方法的问题，1972 年 de Boor[1]和 Cox 提出了更有效的 B 样条方法，该方法在保留 Bezier 方法优点的同时，又具有良好的局部可控性和连续特性。但 Bezier 方法和 B 样条方法均为多项式方法，针对标准圆锥曲线、曲面，如圆、椭圆、双曲线、圆柱面、圆锥面、球面等均无法表示，为解决这一问题，NURBS 方法应运而生。可以说，Bezier 方法为 B 样条方法的一个特例，而 B 样条方法又是 NURBS 方法的一个特例，其关系如图 2-27 所示。

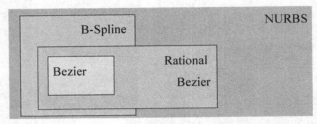

**图 2-27　Bezier 方法、B 样条方法与 NURBS 方法的关系**

NURBS 是非均匀有理 B 样条（non-uniform rational B-splines）的缩写，其中：①non-uniform（非均匀性）是指一个控制顶点的影响力的范围能够改变，当创建一个不规则曲面时这一点非常有用；②rational（有理）是指每个 NURBS 物体都可以用有理多项式来定义；③B-spline（B 样条）是指用路线构建一条曲线，在一个或更多的点之间以内插值替换。NURBS 最早由 Versprille 在其论文中提出[2]，后来 Piegl 对其进行了深入研究，使其成熟并投入使用[3-4]。1991 年，国际标准化组织（ISO）颁布的工业产品数据交换标准 STEP，把 NURBS 作为定义工业产品几何形状的唯一数学方法。

NURBS 建筑技术将 Bezier、有理 Bezier、均匀 B 样条和非均匀 B 样条统一起来，既能表示标准初等几何形状又能表示自由曲线曲面，为处理解析函数和模型形状提供了极大的灵活性和精确性。利用 NURBS 进行三维设计既直观又高效快捷，使得其在计算机辅助设计（CAD）、计算机辅助制造（CAM）以及计算机辅助工程（CAE）中有广泛应用，本书自由曲面空间结构的网格生成研究均基于 NURBS 技术。

### 2.3.2　NURBS 曲线曲面数学定义

（1）NURBS 曲线的定义

数学上，一条 $p$ 次 NURBS 曲线 $C$ 可以用分段有理多项式矢函数表示：

$$C(u) = \frac{\sum_{i=0}^{n} N_{i,p}(u)\omega_i P_i}{\sum_{i=0}^{n} N_{i,p}(u)\omega_i}, \quad a \leqslant u \leqslant b \tag{2-1}$$

式中，$\omega_i$（$i=0$，1，…，$n$）为权因子，$P_i$（$i=0$，1，…，$n$）为控制点，按顺序连接形成控制多边形。$N_{i,p}(u)$ 为节点矢量 $\boldsymbol{U}$ 按式（2-2）的 de Boor-Cox 递推公式确定的 $p$ 次 B 样条基函数，其中节点矢量 $\boldsymbol{U} = [\underbrace{a, \cdots, a}_{p+1}, u_{p+1}, \cdots, u_{m-p-1},$ $\underbrace{b, \cdots, b}_{p+1}]$ 为一个单调不减的实数序列，即 $u_i \leqslant u_{i+1}$（$i=0$，1，…，$m-1$，$m=n+p+1$）。

$$N_{i,0}(u) = \begin{cases} 1, & u_i \leqslant u \leqslant u_{i+1} \\ 0, & \text{其他} \end{cases}$$

$$N_{i,p}(u) = \frac{u-u_i}{u_{i+p}-u_i}N_{i,p-1}(u) + \frac{u_{i+p+1}-u}{u_{i+p+1}-u_{i+1}}N_{i+1,p-1}(u) \tag{2-2}$$

一般而言，假定 $a=0$，$b=1$，并且式中所有 $i$、$\omega_i > 0$。令

$$R_{i,p}(u) = \frac{N_{i,p}(u)\omega_i}{\sum_{i=0}^{n} N_{i,p}(u)\omega_i} \tag{2-3}$$

则式（2-1）可改写为

$$C(u) = \sum_{i=0}^{n} R_{i,p}(u)P_i, \quad 0 \leqslant u \leqslant 1 \tag{2-4}$$

式中，$R_{i,p}(u)$ 为 $p$ 次有理基函数，它是 $u \in [0, 1]$ 上的分段有理函数，具有与 $p$ 次 B 样条基函数类似的性质。

图 2-28 为一条有 4 个控制点的三阶二次 NURBS 曲线。

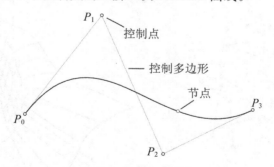

**图 2-28　NURBS 曲线**

（2）NURBS 曲面的定义

一个 NURBS 曲面，在 $u$ 方向 $p$ 次，在 $v$ 方向 $q$ 次，可以用以下形式具有两个变量的分段有理多项式矢函数表示：

$$S(u, v) = \frac{\sum_{i=0}^{n}\sum_{j=0}^{m}N_{i, p}(u)N_{j, q}(v)\omega_{i, j}P_{i, j}}{\sum_{i=0}^{n}\sum_{j=0}^{m}N_{i, p}(u)N_{j, q}(v)\omega_{i, j}}, \quad 0 \leqslant u, v \leqslant 1 \quad\quad (2-5)$$

其中，$\omega_{i,j}$（$i=0, 1, \cdots, n$；$j=0, 1, \cdots, m$）为权因子，规定曲面四个顶点处的权因子为正，即 $\omega_{0,0}$、$\omega_{0,m}$、$\omega_{n,0}$、$\omega_{n,m} > 0$，其余权因子不能同时为 0。$P_{i,j}$ 为控制点，构成了 $u$，$v$ 两个方向上的控制网格。$N_{i,p}(u)$ 为 $u$ 方向节点矢量 $U$ 确定的 $p$ 次 B 样条基函数，$N_{j,q}(v)$ 为 $v$ 方向节点矢量 $V$ 确定的 $q$ 次 B 样条基函数，确定方法与曲线相同，为式（2-2）的 de Boor-Cox 递推公式，其中节点矢量：

$$U = [\underbrace{0, \cdots, 0}_{p+1}, u_{p+1}, \cdots, u_{r-p-1}, \underbrace{1, \cdots, 1}_{p+1}]$$

$$V = [\underbrace{0, \cdots, 0}_{q+1}, u_{q+1}, \cdots, u_{s-q-1}, \underbrace{1, \cdots, 1}_{q+1}]$$

其中，$r = n + p + 1$，$s = n + q + 1$。

令

$$R_{i, j}(u, v) = \frac{N_{i, p}(u)N_{j, q}(v)\omega_{i, j}}{\sum_{k=0}^{n}\sum_{l=0}^{m}N_{k, p}(u)N_{l, q}(v)\omega_{k, l}} \quad\quad (2-6)$$

则式（2-5）可改写为

$$S(u, v) = \sum_{i=0}^{n}\sum_{j=0}^{m}R_{i, j}(u, v)P_{i, j} \qu\quad (2-7)$$

图 2-29 所示为一个二次 NURBS 曲面，在该曲面函数中，权因子 $\omega_{1,1} = \omega_{1,2} = \omega_{2,1} = \omega_{2,2} = 10$，其余为 1，节点矢量 $U = V = [0, 0, 0, 1/3, 2/3, 1, 1, 1]$。通过移动控制点位置或改变权因子大小即可实现曲面形状的局部修改。

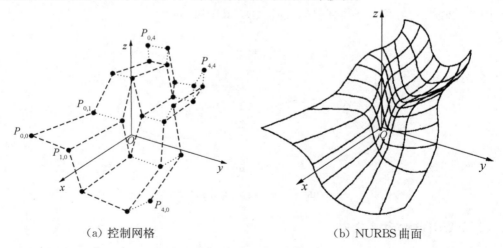

（a）控制网格　　　　　　　　　　　（b）NURBS 曲面

**图 2-29　NURBS 曲面**

需要注意的是，式（2-7）不是两个单变量函数的乘积，故一般 NURBS 曲面不是张量积曲面。为方便应用，运用齐次坐标表示 NURBS 曲面：

$$S^{\omega}(u, v) = \sum_{i=0}^{n} \sum_{j=0}^{m} N_{i, p}(u) N_{j, q}(v) P_{i, j}^{\omega} \qquad (2-8)$$

式中，$P_{i,j}^{\omega} = (\omega_{i,j} x_{i,j}, \omega_{i,j} y_{i,j}, \omega_{i,j} z_{i,j}, \omega_{i,j})$。曲面 $S(u, v)$ 和 $S^{\omega}(u, v)$ 都被称为 NURBS 曲面，但严格来说，两者中只有 $S^{\omega}(u, v)$ 是关于 $u$、$v$ 两参数的一元基函数的乘积的张量积分段多项式曲面，而 $S(u, v)$ 是三维空间中的分片有理曲面。式（2-8）的 $S^{\omega}(u, v)$ 曲面表示方法将应用于下文基于曲面结构的网格生成方法。

### 2.3.3　NURBS 曲线曲面性质

NURBS 曲线和曲面具有相似的性质，为简便起见，本节以 NURBS 曲线为例介绍 NURBS 曲线曲面的几条主要性质[5]。

**性质 1**：仿射不变性。NURBS 曲线经过仿射变换仍得到 NURBS 曲线，且变换后的曲线控制点可以由原控制点通过仿射变换得来。此外，在投影透视变换下，NURBS 曲线的形式也不发生变化。该性质在计算机图形学中十分重要。

**性质 2**：强凸包性。如果 $u \in [u_i, u_{i+1}]$，那么曲线 $C(u)$ 位于曲线控制点 $P_{i-p}$，$P_{i-p+1}$，$\cdots$，$P_i$ 的凸包内。该性质说明控制点在曲线曲面构型中的重要性。

**性质 3**：可微性。在每个节点区间内部，$C(u)$ 都是无限次可微的，并且在 $m$ 重节点处曲线 $p-m$ 次可微。

**性质 4**：变差减少性。NURBS 曲线与任意平面的交点数目均不大于平面和控制多边形的交点数目。

**性质 5**：局部修改性。在曲线上，改变某一权因子 $\omega_i$ 或移动某一控制点 $P_i$，仅会影响区间 $u \in [u_i, u_{i+p+1}]$ 上部分曲线的形状，这是由 $R_{i,p}(u)$ 的局部支撑性决定的。该项性质在交互式设计中非常重要，即我们可以通过修改某一部分的控制点位置或权因子大小来实现曲线曲面形状的调整，而不影响其他部分的形态。

### 2.3.4　NURBS 曲线曲面形状的控制因素

NURBS 曲线和曲面的描述类似，并且使用相同的术语，为简便起见，本节以 NURBS 曲线为例介绍影响 NURBS 曲线曲面形状的四个要素：阶数、控制点、权因子和节点矢量。这四个参数在自由曲面构型中十分重要。

（1）阶数

曲线的阶数（degree）为一正整数，其值等于曲线的次数（order）+1，曲线次数即为多项式的最高次。曲线的阶数越高，代表曲线的光滑程度越高，但计算和储存消

耗的资源也越多，有可能提高一条曲线的阶
数但其形状却没有发生改变，而减少一条曲
线的阶数一定会影响其形状。另外，曲线的
阶数与曲线内部的连续性也存在一定的关系，
一阶曲线只能达到 G0 的连续性（位置连续），
二阶曲线只能达到 G1 的连续性（相切连续），
三阶曲线只能达到 G2 的连续性（曲率连续），
以此类推，一般取 G3 即可满足大部分工程的
曲线连续的需求。图 2-30 为具有相同控制
点的不同阶数的 NURBS 曲线，由图可知，
阶数越高，曲线越光滑。

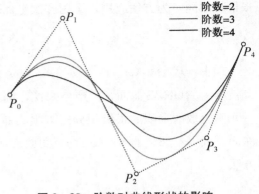

图 2-30　阶数对曲线形状的影响

（2）控制点与权因子

控制点为一系列点的列表，用以控制 NURBS 曲线的形状，其最小数目为阶数＋
1，改变 NURBS 曲线形状最简单的方法之一是移动它的控制点。每个控制点都有一个
与之关联的权重值，称为权因子，该值反映的是控制点对曲线的影响程度，除少数情
况外，权因子都为正数。当一条曲线的控制点都具有相同的权重值（通常为 1）时，这
条曲线就称为非有理曲线。否则，这条曲线就称为有理曲线。NURBS 中的 R 代表有
理，表示一条 NURBS 曲线有理的可能性。实际应用中大多数 NURBS 曲线是非有理
曲线，只有少数曲线为有理曲线，如圆、椭圆等。

图 2-31 为控制点与权因子对曲线形状的影响，由图可知控制点对曲线造型有着较
大的影响，权因子越大该点处的曲线越靠近控制点，即控制点对曲线的影响程度越大。
另外，该图还可体现出 NURBS 曲线的局部修改性，即控制点与权因子的局部修改不
会影响曲线的整体形状。

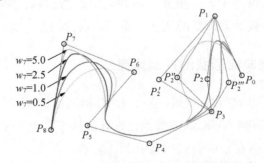

图 2-31　控制点、权因子对曲线形状的影响

（3）节点矢量

节点矢量（knot vector）是一个数字列表，其数量为阶数＋控制点数－1，其必须

符合两个条件：① 单调不递减；② 数字重复的次数不可以比阶数大。如一个3阶6个控制点的 NURBS 曲线，$U = [0, 0, 0, 1, 2, 3, 3, 3]$ 为一个符合条件的节点矢量。

节点值重复的次数称为节点的重数（multiplicity），在上面的例子中，节点值 0 和 3 的重数为三，节点值 1 和 2 的重数为一。若节点值的重数与曲线的阶数相同，则该节点值称为全复节点（full-multiplicity knot），如节点值 0 和 3；若只出现一次，则称为单纯节点（simple knot），如节点值 1 和 2。若节点矢量以全复节点开始，接下来是单纯节点，最后以全复节点结束，且节点值为等差数列，则称为均匀（uniform），否则称为不均匀（non-uniform），NURBS 中的 NU 即代表"非均匀"，表明 NUBRS 曲线曲面中的节点可以为非均匀。

图 2-32 所示为具有不同节点矢量的 3 阶 9 个控制点的 NURBS 曲线，三条曲线均以全复节点开始，全复节点结束，区别在于结束节点值的大小和中间的节点重数。$L_1$ 和 $L_2$ 相比，$L_1$ 的中间部分无重复节点，而 $L_2$ 的中间部分出现了节点值为 2 的全复节点，这使得 $L_2$ 在点 $P_4$ 处出现了尖点，说明节点矢量列表中有重复节点值的

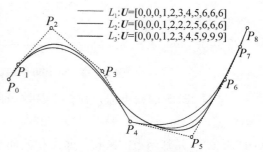

图 2-32　节点矢量对曲线形状的影响

NURBS 曲线比较不平滑，而最不平滑的情况即全复节点；$L_1$ 和 $L_3$ 相比，$L_3$ 结束的全复节点值大于 $L_1$，这使得两条曲线前段形状基本一致，而末尾段 $L_3$ 的向量插值比例要大于 $L_1$，使得末尾段 $L_3$ 的控制点影响范围更大，即曲线更靠近控制点。由上述可知，节点矢量在曲线曲面的光滑连续性中起着重要作用，工程应用中可通过插入或移除节点，调整控制点，使得曲线或曲面造型平滑或尖锐。

## 2.3.5　NURBS 曲线曲面的正向计算

NURBS 曲线曲面的正向计算通常指根据给定的参数域范围内的参数值，计算与之相对应的三维空间点坐标的过程。算法实现原理为先通过线性搜索或二分法确定参数所在区间，再由式（2-2）的 de Boor-Cox 递推公式计算非零基函数，由非零基函数、控制点矩阵、权因子即可根据 NURBS 曲线曲面的数学定义式计算出三维空间点的坐标 $P(x, y, z)$，下文基于参数域的网格生成方法即基于该理论实现。

NURBS 曲线曲面的正向计算实则就是一个参数化的过程，由 NURBS 曲线的定义可知，空间 NURBS 曲线上的每一个点 $P(x, y, z)$ 在其一维参数域上都有一个参数 $u$ 与其一一对应，其数学表达如式（2-9）所示。

$$P（x，y，z）=C（u） \tag{2-9}$$

式中，$x$，$y$，$z$ 为三维空间点的笛卡儿坐标，$u$ 为一维参数域坐标。

任意一条 NURBS 曲线均有固定边界，通常采用参数区间 $u \in [u_1, u_2]$ 来表示曲线范围，该区间称为曲线的参数域，图 2-33 表示了参数域内点与三维空间点的对应关系。一般而言，在曲线的参数化过程中，为方便数据处理常将参数域 $u$ 做归一化处理，即使得 $u \in [0, 1]$，这样 $C（0）$、$C（0.5）$、$C（1）$ 则分别代表曲线的起点、中点与终点。

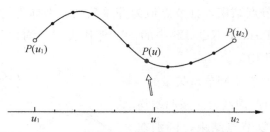

图 2-33　NURBS 曲线参数域与空间点的对应关系

与 NUBRS 曲线类似，在二维参数域内也有一组参数值（$u$，$v$）与 NURBS 曲面上的点 $P（x，y，z）$ 一一对应。由式（2-8）可知 NUBRS 曲面可定义为关于 $u$、$v$ 两参数的一元基函数的乘积的张量积曲面 $S^\omega（u，v）$，其中 $u$、$v$ 两个参数对应的方向定义为曲面的两个方向，由此曲面的范围可用一个 $u \in [u_1, u_2]$，$v \in [v_1, v_2]$ 的矩形参数域表示，如图 2-34 所示。与曲线相同，为方便数据处理，常将参数域进行归一化使得 $u \in [0, 1]$，$v \in [0, 1]$。

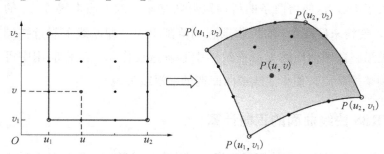

图 2-34　NURBS 曲面参数域与空间点的对应关系

## 2.4　基于 C♯语言的 Grasshopper 二次开发

### 2.4.1　基于 Visual Studio 编写 .gha 集成文件

本书开发的程序运行平台为 Rhino 7.10＋Grasshopper 1.0，开发语言采用 C♯，开发环境为 Visual Studio 2022，开发框架为 . NET Framework 4. 8。

　　Visual Studio（简称 VS）是美国微软公司的开发工具包系列产品。VS 是一个基本完整的开发工具集，它包括了整个软件生命周期中所需要的大部分工具，是最流行的 Windows 平台应用程序的集成开发环境（integrated development environment，IDE），其版本 2022 年升级为 64 位，对核心调试器进行了性能改进，支持 AI 辅助编程，具备更强大的代码预测能力。图 2 - 35 为 Visual Studio 2022 开发界面。

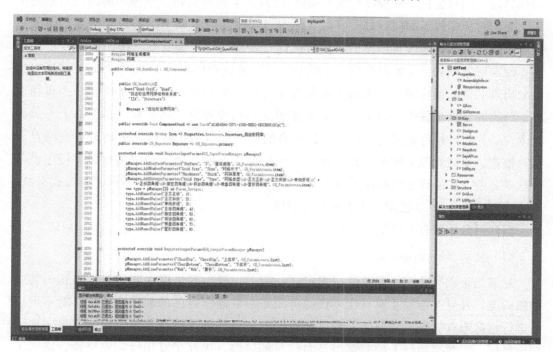

**图 2 - 35　Visual Studio 2022 开发界面**

　　C♯ 是微软推出的一种基于 . NET 框架的、由 C 和 C＋＋派生出来的面向对象的高级编程语言，它在继承 C 和 C＋＋强大功能的同时去掉了一些它们的复杂特性，综合了 VB 简单的可视化操作和 C＋＋的高运行效率，使其成为 C 语言家族中的一种高效强大的编程语言。除此之外，其强大的操作能力、优雅的语法风格、创新的语言特性和便捷的面向组件编程的支持也使其成为 . NET 开发的首选语言。C♯ 的设计目标为"简单、现代、通用"，提供以下软件工程要素的支持：强类型检查、数组维度检查、未初始化的变量引用检测、自动垃圾收集（garbage collection，指一种自动内存释放技术）。可以说，运行效率和编码效率之间的矛盾一直是程序语言设计重点关注的问题，Python 为高编码效率的代表，C＋＋为高运行效率的代表，而 C♯ 则综合了两者的优点，其在基础语法上就区分了值类型和引用类型，泛型的出现也极大地减少了装拆箱带来的性能损耗。除此之外，LINQ［全称 language integrated query，是一种将数据库理念，比如常用的查找（select）、排序（order by）、条件过滤（where）等，延伸到一般编程中的技术路径〕的存在使得数据处理与分析既简单又高效，非常适合开发项目体量大、数据处理量大、对运行效率具有较高要求的空间网格结构程序。

## 2.4.2 面向对象编程技术

面向对象程序设计（object oriented programming，OOP）是一种具有对象概念的编程典范，同时也是一种程序开发的抽象方针，C♯语言就是一种纯粹的面向对象的语言。面向对象是相对面向过程而言的，面向过程为"自上而下"的设计语言，即分析出解决问题所需要的步骤，然后用函数把这些步骤一步一步实现，使用的时候依次调用；面向对象顾名思义就是把现实中的事物都抽象成程序设计中的"对象"，同类对象抽象出其共性，形成类。建立对象不是为了完成一个步骤，而是为了描述一个事物在整个解决问题的步骤中的行为。其基本思想是一切皆对象，是一种"自下而上"的设计语言，先设计组件，再完成拼装，从更高的层次进行系统建模，更贴近事物的自然运行模式。面向对象易维护、易复用、易扩展的特点使其概念和应用超越了程序设计和软件开发，扩展到了数据库系统、交互式界面、应用结构、应用平台、分布式系统、网络管理结构、CAD技术、人工智能等领域。

面向对象编程具有以下三大特征：

（1）封装（encapsulation）

封装是将代码及其处理的数据绑定在一起的一种编程机制，即把客观事物封装成抽象的类，并且类可以实现只让可信的类或者对象操作自己的数据和方法，对不可信的进行信息隐藏。该机制保证了程序和数据都不受外部干扰且不被误用，有效实现了两个目标：对数据和行为的包装以及对信息的隐藏，提高了复用性和安全性，降低了耦合性，符合程序设计追求的"高内聚，低耦合"原则。

（2）继承（inheritance）

继承是指在某种情况下，一个类会有"子类"，子类比原本的类（称为父类）更加具体化，子类拥有父类的全部特征和行为，并在无须重新编写原来类的情况下对这些功能进行扩展。继承提高了代码的复用性和维护性，是多态的前提，但同时也提高了类的耦合性。

（3）多态（polymorphism）

多态是指因继承而产生的相关的不同的类，其对象对同一消息会做出不同的响应。多态机制使具有不同内部结构的对象可以共享相同的外部接口，允许一个接口被多个类使用，弥补了单继承的不足，降低了代码的复杂度，实现了"一个接口，多个方法"，具体实现包括两个方面：基于重载与复写的方法多态和父子类对象转换的对象多态。多态的存在消除了类之间的耦合关系，提高了程序设计的灵活性与可扩展性。

面向对象编程技术封装、集成、多态的特点使其能够编写出比面向过程编程技术更加模块化、更方便使用、更易维护、更易扩展的程序。基于此，本章采用面向对象编程技术进行二次开发。

## 2.4.3　Grasshopper 二次开发

软件二次开发的基本思路为软件开发方开放 API，一般为动态链接库（dynamic link library，DLL）程序集，通过引用该程序集，二次开发用户可以方便快捷地调用相关模块，结合自身需要，编写相应功能算法进行二次开发。Grasshopper 二次开发主要依赖于程序集 RhinoCommon. dll 和 Grasshopper. dll，如图 2 - 36 所示。

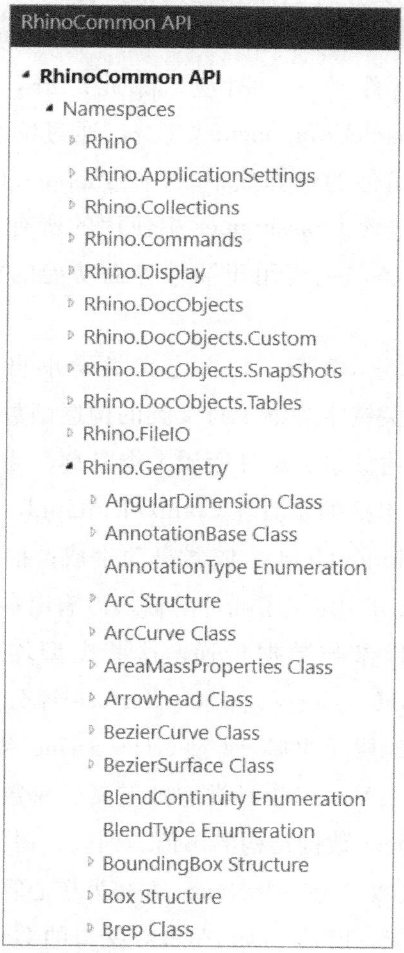

（a）RhinoCommon. dll 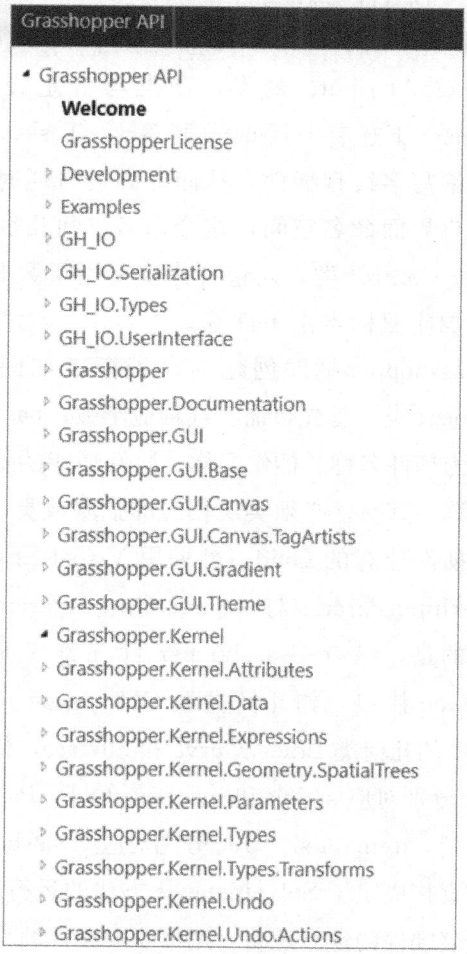　　　　　（b）Grasshopper. dll

**图 2 - 36　Grasshopper 二次开发程序集**

RhinoCommon 为跨平台的 .NET 插件软件开发工具包（software development kit，SDK），本书主要引用的命名空间为 RhinoCommon.Geometry，包含了 Rhino 中常用的几何类型（如点、直线、曲线、曲面、网格以及各种边界表示等）以及各种与几何类型相关的算法（如 PointCloud 类下的最近点算法等），该命名空间主要用于网格生成算法以及几何建模操作。

Grasshopper.dll 为 Grasshopper 插件开发的重要工具，本书主要引用的命名空间为 Grasshopper.Kernel 与 Grasshopper.GUI。Grasshopper.Kernel 为内核命名空间，包含了构成插件逻辑主干的所有类、结构、接口、委托与枚举，是二次开发最重要的部分，其中应用最多的为 GH_Component 类与 GH_ComponentAttributes 类，所有自定义的组件均需继承自 GH_Component 类，并实现相应的抽象方法。若要自定义插件的外观，如新增一个按钮，则需要定义一个继承自 GH_ComponentAttributes 的类，该类与自定义组件类一一对应。除此之外，GH_Component 下还有一泛型子类 GH_TaskCapableComponent<T>，通过继承该类用户可编写多线程插件，从而提高运行耗时组件的计算效率。Grasshopper.GUI 为图形用户界面命名空间，这个命名空间几乎包含 Grasshopper 中使用的所有自定义 Form 和 Control 类，还包含许多实用函数和类，主要用于插件界面功能的相关开发，如响应鼠标点击事件等。

Grasshopper 插件创建的典型模板如图 2-37 所示，自定义类继承自 GH_Component 类。首先，需实现构造函数，base 关键字为继承自父类的构造函数，其参数依次为插件名称、插件简称、插件功能的描述信息、插件所属大类名称、插件所属子类名称。其次，必须实现相应的抽象成员，包括抽象属性 ComponentGuid，其定义了每个插件独有的 Guid，可采用 Visual Studio 的 Guid 生成器自动生成；抽象方法 RegisterInputParams 与 RegisterOutputParams 分别定义了插件的输入与输出参数。需要注意的是，只有 Grasshopper 自有类型可以参与数据传递，这些类型均实现了 IGH_Goo 接口，如几何类型 GH_Line、GH_Curve、GH_Surface 等分别对应 Rhino 中的几何类 Line、Curve 和 Surface，代码层面的基础类型 GH_String 和 GH_Integer 分别对应 string 和 integer，GH_ParamAccess 枚举类型则定义了参数的输入输出类型，item、list、tree 分别对应 Grasshopper 数据结构的单值、列表、树状结构，该参数直接决定了 SolveInstance 方法的运行次数。SolveInstance 方法为核心算法，该部分代表插件的运算逻辑，用以实现插件的功能，IGH_DataAccess 接口的 Get 和 Set 方法可以实现数据的输入和输出。最后，可选属性，该部分不一定重写，Icon 定义了该插件的图标，用户可以自己定义 24×24 像素的图标，Exposure 属性则定义了"电池"在面板栏中的位置。

```
public class GH_QuadGrid : GH_Component
{
    0 个引用
    public GH_QuadGrid()
    : base("Quad Grid", "Quad",
        "四边形边界网架结构网格库",
        "TJA", "Structure")
    {
        Message = "四边形边界网架";
    }
    0 个引用
    public override Guid ComponentGuid => new Guid("ACAB48A6-2071-438D-BEB2-6E03B851ECAC");
    0 个引用
    protected override Bitmap Icon => Properties.Resources.Structure_四边形网架;
    0 个引用
    public override GH_Exposure Exposure => GH_Exposure.primary;
    0 个引用
    protected override void RegisterInputParams(GH_InputParamManager pManager)...

    0 个引用
    protected override void RegisterOutputParams(GH_OutputParamManager pManager)...

    0 个引用
    protected override void SolveInstance(IGH_DataAccess DA)...
}
```

**图 2 - 37 Grasshopper 二次开发模板**

完成了上述模板的相应功能函数的编写，编译即可得到.dll 文件，将其后缀修改为.gha 放置于 Grasshopper 插件目录下即可实现 Grasshopper 的二次开发，每个"电池"都是一段封装好的程序，使得算法集成化、模块化，更便于使用。

## 2.5 Grasshopper 与 SAP2000 数据接口开发

### 2.5.1 SAP2000 二次开发与程序设计架构

（1）SAP2000 及其二次开发

SAP2000 采用基于对象的非线性有限元技术，分析计算功能十分强大，求解器稳定高效，在结构设计方面，支持中国、欧洲及美国规范，具备不同国家的钢结构数据库，其钢结构的自动优化设计功能可根据用户给定的截面库按目标位移值和应力比进行截面优化设计，从而实现方便快捷的交互式设计。

SAP2000 的一个优势在于它所提供的 API，该功能从 SAP2000 v11 开始引入，用户可以自行编写程序，通过 API 控制 SAP2000，调用 SAP2000 的各种功能，实现自动建模、自动分析，自动调整参数、迭代运行；通过开发一些前后处理程序，还可实现参数化建模、图形输出、计算输出等功能。SAP2000 API 的存在极大地减少了用户的工作量，使得参数化建模软件与结构有限元分析软件之间的数据流动成为可能，特别适合本书空间网格结构自动化设计的需求。可以给出常用的接口定义、材料定义、截面定义、单元定义、工况定义、分析设计、数据处理等功能，并给出了示例代码。

（2）GHSap 程序设计架构

GHSap 程序采用 C♯ 面向对象编程方式开发，将各个功能需求抽象为类对象，其封装、多态、继承的特性使得程序的调试以及后续功能的维护与拓展十分方便。开发过程严格遵守"高内聚，低耦合"原则，它是软件工程中衡量软件设计好坏的标准，其中"高内聚"指尽可能使类的每个成员方法只完成一件事（最大限度地聚合），"低耦合"指减少类内部或模块之间一个成员方法调用另一个成员方法的情况。由于本程序涵盖功能多，项目开发体量大，因此为实现该原则，以及对项目代码进行更好的管理，在开发前有必要先对程序的架构进行设计，即对类的结构层次进行合理的安排。

根据空间网格结构分析与设计的流程，将 GHSap 程序的开发分为 Section、Load、Model、Design、Result 五大类集合，如图 2 - 38 所示。下面将分别对每部分类集合的具体层次结构和功能进行介绍。

**图 2 - 38　GHSap 程序设计架构**

① Section 截面类集合

Section 截面类集合层次结构如图 2 - 39 所示，包括框架单元截面类与面单元截面类以及相应的截面类型枚举，主要用于 SAP2000 中两种截面的创建。

两个类均继承自 SapObj 抽象类（只允许被继承、不允许被实例化的类），该类是本

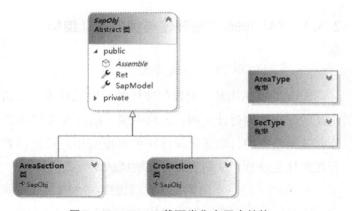

**图 2 - 39　Section 截面类集合层次结构**

程序中众多类集合的最顶层父类，其定义了与 SAP 相关的对象必须实现的行为，包括

SapModel 属性：SAP2000 对象实例，用于建立 Grasshopper 与 SAP2000 程序的连接；Assemble 方法：对象组装，将类对象发送至 SAP2000 程序；Ret 属性：判断 API 方法是否成功调用。由于 SAP2000 自带的 API 在函数成功调用时返回 0，失败时返回 1，而实际项目应用中往往涉及多个函数调用，若函数未成功调用则很难进行调试，因此采用属性对其返回值进行封装，使其一旦返回 1 就抛出异常并采用 this 关键字定位至未成功调用处，极大地提高了调试效率，使程序更易维护，其核心代码如下：

```
public int Ret
        {
        get { return _ ret; }
        protected set
         {
          _ ret = value;
          if (value !=0) throw new Exception ($"  {this} 未成功调用，请检查
模型！" ) ;
         }
        }
```

② Load 荷载类集合

Load 荷载类集合层次结构如图 2 - 40 所示，包括荷载定义类、荷载施加类以及荷载组合的相关接口与枚举类型，主要用于实现 SAP2000 中各种点、线、面荷载的施加以及荷载工况的定义与组合。其中所有荷载施加类均继承自 SapLoad 抽象类，其约束了荷载施加必须实现的相关行为，该类继承自 SapObj。

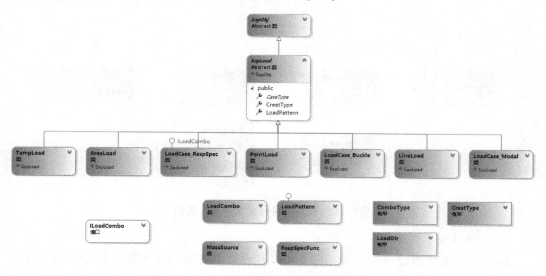

**图 2 - 40　Load 荷载类集合层次结构**

③ Model 模型类集合

Model 模型类集合层次结构如图 2 - 41 所示，其包含与模型定义相关的类，如框架单元、面单元、支座、分组，以及 Rhino 中的点、线、面模型与 SAP2000 中模型的交互。

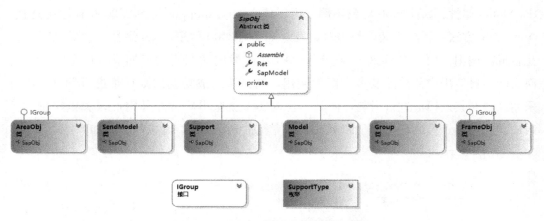

图 2 - 41　Model 模型类集合层次结构

④ Design 设计类集合

Design 设计类集合层次结构如图 2 - 42 所示，本类集合是整个空间网格结构自动化设计程序的核心，用以实现结构模型的运行分析、设计参数的输入、钢结构截面的自动优化设计以及设计结果的查询功能。

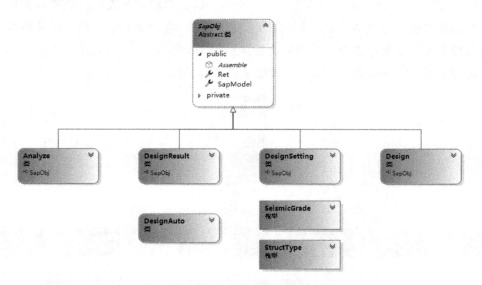

图 2 - 42　Design 设计类集合层次结构

⑤ Result 结果类集合

Result 结果类集合层次结构如图 2 - 43 所示，其主要用于实现结构分析与设计结果的后处理与查询功能，其中与荷载工况查询相关的类均继承自 SapResult 抽象类，其约束了继承其的类必须定义要查询结果的工况名称，该类和与模型相关的结果查询类如用钢量、设计截面等并列，均继承自 SapObj 类。

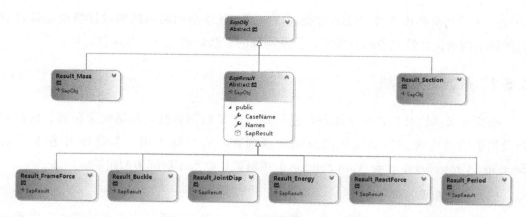

图 2 - 43 Result 结果类集合层次结构

各类集合开发完毕后，需将抽象的类对象转化为具象的应用程序，为便于使用，采用 2.6 节介绍的方法将其封装成 Grasshopper 平台下的功能模块，通过各个模块之间的拼装与连接实现更为复杂的功能，从而达到空间网格结构数字化、自动化设计的目的。根据上述程序设计架构，以及空间网格结构设计的过程，本章开发了六大功能模块：截面定义模块、单元定义模块、荷载定义模块、模型组装与分析模块、空间网格结构设计模块、计算结果后处理模块，如图 2 - 44 所示，各模块又包括独立的组件共计

图 2 - 44 GHSap 空间网格结构自动化设计程序功能模块

40 个。下面将对各模块各组件的功能进行介绍，其中空间网格结构设计模块是针对空间网格结构的设计特点专门开发的，涉及特殊的算法，将在下一节单独介绍。

### 2.5.2 截面定义模块

截面定义模块共包含 4 个组件，主要用于定义截面属性，包括框架截面、面截面以及用于钢结构截面自动优化的自动选择列表，通过输入相关参数即可生成 Area Section、Cross Section 或 Auto Section 的类对象，以用于后续模型组装。

（1）框架截面

框架截面的定义支持三种形式，分别为用户自定义截面、中国规范截面库以及自动选择列表，如图 2-45 所示。用户自定义截面可以通过自行输入截面参数来定义框架截面，支持圆管、方管、工字钢三种常用截面，其第一输入参数均为材料等级（默认为 Q355），圆管需依次输入外径及壁厚，方管和工字钢需依次输入截面高度、宽度、腹板厚度、翼缘厚度；中国规范截面库通过建立数据库的方式自动生成截面类型，通

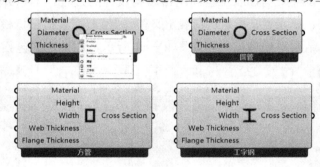

（a）用户自定义截面

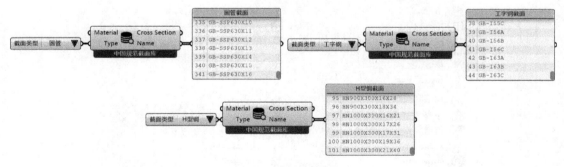

（b）中国规范截面库

（c）自动选择列表

**图 2-45 框架截面定义**

过改变 Type 参数即可实现截面形式的改变，支持 342 种圆管截面、45 种工字钢截面以及 102 种 H 型钢截面，其输出的 Name 参数可方便用户查询生成的截面尺寸。将这两种方式生成的 Cross Section 数据类型接入自动选择列表即可用于钢结构截面优化。

（2）面截面

面截面的定义支持两种形式，分别为薄壳截面 Thin Shell 和虚面 None，如图 2 - 46 所示。前者为壳单元，用于在三维结构中模拟壳、膜和板的性能，如结构中的楼板、墙、坡面等，输入参数分别为截面名称、材料等级（默认为 C30）以及截面厚度；后者为无厚度的虚面，只起导荷作用，可将屋面荷载传导至节点，是空间结构中应用较多的一种形式，其无输入参数可直接生成。为方便使用，将该组件添加进菜单项，并通过对右击事件进行重写使得用户可以通过右击实现两种截面的切换。

图 2 - 46　面截面定义

## 2.5.3　单元定义模块

单元定义模块共包含 5 个组件，主要用于定义框架单元和面单元、对象分组以及施加支座约束。该部分可生成 Frame Element、Area Element、Group 以及 Support 对象用于模型组装。

（1）框架单元及面单元

框架单元组件将 Rhino 或 Grasshopper 中的直线对象 Line 转化为 SAP2000 中的框架单元，如图 2 - 47（a）所示。输入端前两项为必需项，分别为结构线框、上节生成的框架截面。后四项为可选项，Name 参数为单元名称，默认第 $i$ 个框架单元为 Frame-$i$；Release 参数为布尔类型，用于控制框架单元是否进行端部释放，默认为 false，true 时程序将自动释放单元起点的双向弯矩以及终点的双向弯矩和扭矩，一般双层网格结构将该项设为 true；Station Number 控制单元的测站数，该值为杆件轴向等间距分布的截面内力、应力以及设计结果输出数，默认取 5，该值影响后文的钢结构截面设计，值越大则设计越精细而计算效率越低，一般取 3 到 5 即可满足优化需求；Angle 参数为杆件局部轴旋转角度，支持用户更改单轴对称截面的朝向。

面单元组件将网格对象 Mesh 转化为面单元，如图 2 - 47（b）所示，其中 Mesh 可以是单一组合的网格面也可以是炸开的网格面列表。若为单一面程序，内部可自动拆分，则还需输入上节生成的面截面。Name 不输入时第 $i$ 个单元的名称为 Area-$i$。

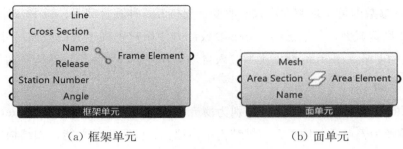

(a) 框架单元　　　　　　　　(b) 面单元

图 2 - 47　单元定义

（2）对象组

对象组组件可将上述的框架单元、面单元以及 Grasshopper 中的点对象 Point 分组，便于后续设计以及计算结果的查询，如图 2 - 48 所示。其中 Remove 为布尔类型参数，可控制将对象移除还是添加进对象组。

图 2 - 48　对象组定义

（3）支座

支座的"电池"分为刚性支座"电池"和弹性支座"电池"2 个组件，如图 2 - 49 所示。这两个组件可基于点对象 Point 实现支座的施加，两者均支持可选参数 Reference Plane 参考平面的定义，Reference Plane 参数为类型 Plane，用于更改支座点自由度的参考系，默认为全局坐标系。刚性支座的 Support Type 提供了三种约束方式：铰接、刚接、转动，其中转动施加的绕三个方向的转动约束，主要是针对双层空间网格结构杆件节点的约束。由于其一般需进行端部释放，而 SAP2000 中只有梁单元没有桁架单元，杆件交会的节点均释放自由度会使其发生刚体转动，在进行非线性分析时不易收敛，因此需约束转动自由度。用户可直接选择这三种类型，也可通过 Restraint Value 的布尔值列表手动指定需要的约束类型，其分别对应 U1、U2、U3、R1、R2、R3。弹性支座主要用于考虑下部结构或周边支承对屋盖结构的约束作用的情况，推算出弹性刚度以考虑协同作用，Stiffness Value 为分别对应六个自由度的约束刚度值。

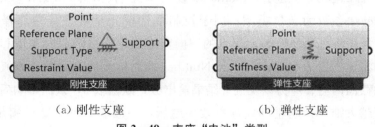

(a) 刚性支座　　　　　　　　(b) 弹性支座

图 2 - 49　支座"电池"类型

## 2.5.4　荷载定义模块

荷载定义模块共包括 11 个组件，主要用于定义荷载模式和荷载工况、施加对象荷载以及定义荷载组合。该部分可生成 Load Pattern、Load 和 Load Combination 对象用于模型组装。

（1）荷载模式

荷载模式的定义如图 2-50 所示，需依次输入荷载模式名称、荷载模式类别以及自重乘数，支持恒荷载 Dead、活荷载 Live、地震作用 Quake、风荷载 Wind、温度作用 Temperature 共五种荷载类别，用于后续基于规范的荷载组合的自动生成。

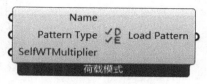

图 2-50 荷载模式定义

（2）荷载工况

荷载工况的定义支持模态工况、反应谱工况以及屈曲工况三种类型。模态工况定义如图 2-51 所示，模态分析主要用于计算结构的振型和周期，也是后续反应谱分析的基础，具体可分为特征向量法和 Ritz 向量法。特征向量法只与结构的质量与刚度相关，用于了解结构固有动力特性，不考虑荷载分布，实际计算中往往会产生若干正交于荷载向量的无效振型。空间网格结构具有自由度高、频谱密集、竖向振动不可忽略等特点，这使得上述问题更加突出。Ritz 向量法与荷载的分布形式密切相关，对相同数量的振型进行反应谱分析，无论是求解效率还是计算精度均优于特征向量法，故本书采用该方法。模态工况首先需进行质量源的定义，定义方式为将荷载转换为质量，需输入转化的荷载模式以及比例系数，默认为《建筑抗震设计规范》的 $1.0 \times$ 恒载 $+0.5 \times$ 活载，将生成的质量源数据接入模态工况组件，再给定模态数量，即可自动生成 SAP2000 中以 U1、U2、U3 三个方向加速度施加的考虑三个方向振动的模态工况。

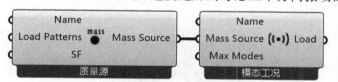

图 2-51 模态工况定义

反应谱分析是工程中应用较多的地震作用分析方法，其工况定义如图 2-52 所示。首先需定义反应谱函数，需依次指定函数名称、地震影响系数最大值、抗震设防烈度、特征周期、周期折减系数以及阻尼比，将生成的函数数据接入反应谱工况组件，再给定荷载施

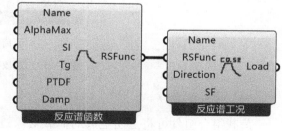

图 2-52 反应谱工况定义

加方向和比例系数（水平地震取 9.8，竖向地震取水平地震的 65%，即 6.37）即可。

稳定问题在空间网格结构尤其是单层网格结构的分析中尤为重要，屈曲工况定义如图 2-53 所示，用于解决结构的第一类失稳（分支点失稳）问题，又称特征值屈曲分析，输入工况名称、施加的荷载模式组合、组合比例系数以及屈曲模态数量即可。

图 2-53　屈曲工况定义

（3）对象荷载

对象荷载基于点、线、面对象施加荷载，共包含 4 个组件，如图 2-54 所示。三者均需指定施加的荷载模式 Load Pattern，支持 Assign Type 指定类型参数，其可实现对荷载的添加、替换、删除。点荷载可基于点对象以及三维向量，实现三个方向节点荷载的施加；线荷载包括均布线荷载以及温度荷载，其基于上一小节生成的框架单元施加，需给定荷载的施加方向，支持重力方向和重力投影方向，前者用于指定恒荷载，后者用于指定活荷载；面荷载可用于指定均布面荷载，其基于面单元施加，荷载方向同线荷载。

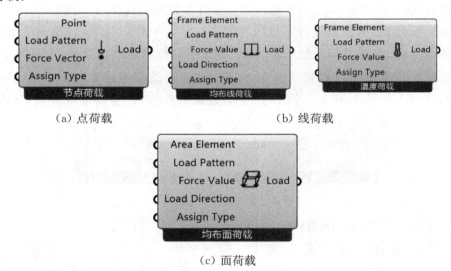

（a）点荷载　　　　　　　　　　（b）线荷载

（c）面荷载

图 2-54　对象荷载定义

（4）荷载组合

荷载组合组件可将上述生成的荷载对象进行组合用于结构设计，支持自定义组合和规范组合两种形式，用户可通过右击组件进行切换，如图 2-55 所示。自定义组合可通过输入上述生成的荷载工况、对象荷载的 Load 对象列表以及组合系数列表进行荷载组合的自定义，规范组合则自动生成《钢结构设计标准》[6] 中的荷载组合。

图 2-55　荷载组合定义

## 2.5.5　模型组装与分析模块

模型组装与分析模块共包含 5 个组件，主要用于实现模型的组装、运行分析以及模型的解析。该部分可生成 Model 类对象用于后续结构的设计以及计算结果的提取，还可生成与模型相关的信息。

（1）模型组装

模型组装包含组装 SAP 模型与发送 SAP 模型 2 个组件，如图 2-56 所示。组装 SAP 模型将前几小节生成的框架单元、面单元、支座、荷载、荷载组合以及对象组进行拼装，生成整体 Model 数据，Run 参数为控制是否组装的布尔类型开关。将组装 SAP 模型连入发送 SAP 模型组件即可将各模型数据发送至 SAP2000，实现 Rhino 几何模型与 SAP 结构模型的转换。发送 SAP 模型第 2～第 4 个参数为字符串类型，依次为 SAP 程序路径、模型保存路径、模型名称。后四个参数为布尔类型，Attach Instance 用于控制启动新 SAP 程序还是将模型附加到已有程序上，New Model 控制创建新模型还是在现有模型的基础上添加参数，Refresh Model 控制是否实时更新 SAP 视图，Send 控制是否发送模型，为保持模型数据同步更新，该值应与 Run 参数保持同步。

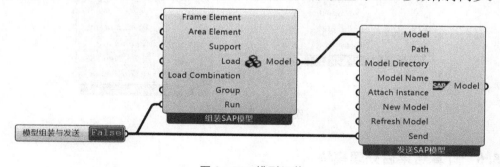

图 2-56　模型组装

（2）运行分析

运行分析可对上述发送 SAP 模型组件生成的 Model 数据进行分析计算，如图 2-57 所示，可接入 RunCases 只分析指定的一个或多个工况，也可选择 All 分析所有工况。

图 2-57　运行分析

（3）模型解析

模型解析包含基于 Model 对象和基于 SAP2000 模型的两种解析方法，如图 2-58 所示。解析 Model 模型对应数据交互的正向过程，其应用场景为 SAP 结构模型均基于 Grasshopper 平台采用前几小节的组件建立，可对发送 SAP 模型组件生成的 Model 数据进行解析，从而获取结构模型中的节点名称、框架单元名称、面单元名称、材料名称、截面名称、荷载模式名称、荷载工况名称、荷载组合名称、组合工况信息以及对象组名称，其中部分参数用于了解结构信息，部分参数用于后续计算结果的查询。

解析 SAP 模型对应数据交互的逆向过程，其应用场景为 SAP 结构模型采用其他方式建立，工程应用中很多模型并不是采用参数化的形式建立，该组件可将当前 SAP 模型的数据返回到 Rhino 中，除提取与解析 Model 模型组件相同的基本信息外，还将自动生成与点对象、框架单元对象、面对象相对应的 Rhino 中的点、直线与网格，同时还可生成 Model 数据用于后续设计与计算结果的提取，从而达到对已有模型也可进行参数化分析的目的，使结构模型到参数化几何模型可逆向转换，实现两者数据的双向互通。

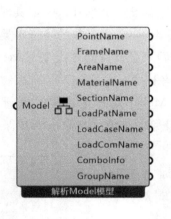
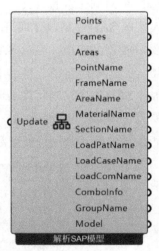

图 2-58  模型解析

## 2.5.6  计算结果后处理模块

计算结果后处理模块共包含 8 个组件，主要用于运行分析、对设计好的结构模型进行分析、设计结果的提取与后处理，从而实现结构方案的性能评估，可分为对象结果、工况结果和模型结果三个部分。

（1）对象结果

对象结果基于 Rhino 中的点对象或直线对象提取指定荷载工况或荷载组合下的结

构计算结果，其中点对象与直线对象各包含 2 个组件，共计 4 个组件。

① 点对象

点对象的结果提取如图 2-59 所示，可实现节点位移和支座反力的提取。节点位移可提取节点平动位移向量、转动位移向量、最大挠度值以及最大挠度值对应的节点，SAP 变形图无法显示变形最大点位置，而采用该组件可直观地显示出来；支座反力可提取支座处节点反力、节点反力矩以及合力和合力矩。两者的输入参数相同，前两项为必选参数，需接入运行分析或设计后的结构模型 Model 数据以及待提取的荷载名，可以是荷载工况也可以是荷载组合；最后一项为可选参数，即待提取的 Point 点对象或 SAP 中点对象的标签名，不输入时将提取全部点对象计算结果。

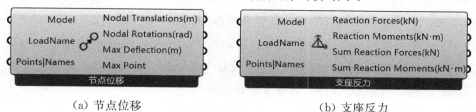

（a）节点位移　　　　　　　　　（b）支座反力

**图 2-59　点对象结果提取**

② 直线对象

直线对象的结果提取如图 2-60 所示，包含框架单元内力的提取以及应变能的计算。两者同样需输入 Model 数据以及提取荷载名，最后一项为待提取对象，默认为全部框架单元。

框架单元内力计算组件可提取指定单元两个方向的内力，即轴力、两个方向的剪力、扭矩和两个方向的弯矩，其中第一个输出参数为测点距杆件起始端的距离，该值与框架单元设置的测站数量有关，即单元提取数据等分点数。由于一般测站数不小于 3，这使得每个单元提取的内力结果数大于 1，故采用 Grasshopper 中的树形数据存储输出值，一个树枝下的结果对应一个单元的测站位置和内力值。

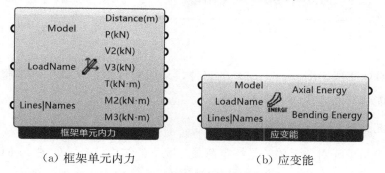

（a）框架单元内力　　　　　　　　（b）应变能

**图 2-60　直线对象结果提取**

应变能是指弹性体由于变形而储存的能量，从结构外部看，外力所做的功以应变能的形式存储于结构内，结构的应变能等于外力与结构变形的乘积，相同荷载作用下，结构的变形越小，应变能越小，刚度越大。故应变能是评估结构整体刚度的重要指标，在结构优化领域常以应变能最小为优化目标以使结构性能合理化，而 SAP2000 中并没有直接提取应变能的 API 函数，需进行二次开发。

结构的总体应变能可分为轴向应变能、弯曲应变能、剪切应变能和扭转应变能。对空间网格结构而言，后两项可忽略不计，故应变能可按式（2-10）计算：

$$V_\varepsilon = \sum_{i=0}^{N-1} \int_0^{L_i} \frac{F_{Ni}^2(x)\,\mathrm{d}x}{2EA_i} + \int_0^{L_i} \frac{M_{22i}^2(x)\,\mathrm{d}x}{2EI_{22i}} + \int_0^{L_i} \frac{M_{33i}^2(x)\,\mathrm{d}x}{2EI_{33i}} \qquad (2-10)$$

式中，$E$ 为弹性模量；$N$ 为杆件数量；$L_i$ 为第 $i$ 根杆件的杆长；$F_{Ni}$、$M_{22i}$、$M_{33i}$ 分别为第 $i$ 根杆件的轴力、绕 2 轴的弯矩和绕 3 轴的弯矩；$A_i$、$I_{22i}$、$I_{33i}$ 分别为第 $i$ 根杆件的截面积、绕 2 轴的惯性矩和绕 3 轴的惯性矩。

由于上式为连续积分，复杂结构内力表达式无法求解，故根据测站点提取的离散内力值采用数值积分对其进行求解，具体积分方式采用式（2-11）的复化辛普森公式，其将杆长进行 $n=2m$ 等分，具有 4 阶收敛精度。

$$S_n = \sum_{k=0}^{n-1} \frac{h}{6}\left[f(x_k) + 4f(x_{k+\frac{1}{2}}) + f(x_{k+1})\right] \qquad (2-11)$$

式中，$h = \dfrac{L}{n}$，$n$ 为等分数，$L$ 为杆长。

为方便区分，将轴向应变能和弯曲应变能分开计算，则可将式（2-10）进行改写，第一项的轴向应变能 $V_N$ 按式（2-12）计算，后两项的弯曲应变能 $V_M$ 按式（2-13）计算：

$$V_N = \sum_{i=0}^{N-1} \sum_{j=0}^{n-1} \frac{\dfrac{L_i}{6n}(F_{Ni_j}^2 + 4F_{Ni_{j+\frac{1}{2}}}^2 + F_{Ni_{j+1}}^2)}{2EA_i} \qquad (2-12)$$

$$V_M = \sum_{i=0}^{N-1} \sum_{j=0}^{n-1} \left[\frac{\dfrac{L_i}{6n}(M_{22i_j}^2 + 4M_{22i_{j+\frac{1}{2}}}^2 + M_{22i_{j+1}}^2)}{2EI_{22i}} + \frac{\dfrac{L_i}{6n}(M_{33i_j}^2 + 4M_{33i_{j+\frac{1}{2}}}^2 + M_{33i_{j+1}}^2)}{2EI_{33i}}\right]$$

$$(2-13)$$

将上述算法集成为图 2-60（b）的组件，从而实现给定荷载下结构整体或所选杆件轴向应变能和弯曲应变能的自动计算。

（2）工况结果

工况结果与单元对象无关，是特定荷载工况下的结构信息，如图 2-61 所示，共计 2 个组件，包含模态工况和屈曲工况。两者均需接入 Model 数据，模态工况组件还需输入模态分析的工况名，程序可自动提取结构的自振周期、振型质量参与系数以及模态质量。屈曲工况组件接入屈曲分析工况名，程序可自动提取结构的屈曲因子。

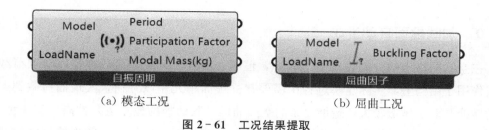

(a) 模态工况　　　　　　　　　　(b) 屈曲工况

**图 2 - 61　工况结果提取**

（3）模型结果

模型结果与单元对象、荷载工况均无关，为模型自身的固有信息，如图 2 - 62 所示，共计 2 个组件，包含截面信息和用钢量的提取。两者的必须输入项为 Model 数据，截面信息组件用于对设计好的结构进行杆件截面统计，依次生成各个杆件的截面，自动选择截面列表名、截面列表集合以及各截面的数量。用钢量统计采用 Area 建筑投影面积参数作为可选项，默认只输出整体用钢量，接入该值后计算每平方米平均用钢量。

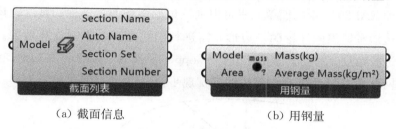

(a) 截面信息　　　　　　　　　　(b) 用钢量

**图 2 - 62　模型结果提取**

## 2.6　空间网格结构自动化设计

基于上节开发的各大功能模块已可实现由 Rhino 建立的几何模型到 SAP2000 结构模型的转换、结构分析以及分析结果的后处理，为实现空间网格结构的自动化设计，需进一步开发设计功能模块。

开发前，需了解模块需求。建模方面，空间网格结构设计的过程中，加载虚面的建立、杆件截面局部轴的调整等工作量大，采用传统方式建模效率低下；结构设计方面，SAP2000 作为一款通用结构分析与设计软件，其钢结构设计功能均基于《钢结构设计标准》[6]，并不像 3D3S、MST 等专用的空间结构设计软件那样可以考虑《空间网格结构技术规程》[7] 中杆件计算长度、长细比等的相关规定。为解决这些问题，开发空间网格结构的专用设计模块，采用合适的算法解决关键难题，包含加载虚面的自动生成、单轴对称杆件截面局部轴的自动调整、杆件的自动分类、杆件计算长度和长细比的自动指定以及钢结构截面的自动优化设计，下面将针对各个问题实现的核心算法进行介绍。

### 2.6.1 加载虚面自动生成

在空间网格结构分析设计的过程中，恒载、活载、风载等荷载往往以节点荷载的形式作用于结构上，实际建模过程中需要建立虚面单元用以导荷，实现面荷载到点荷载的转换。对于体量较大、造型复杂的空间曲面，其面板的建立重复性高、工作量大，为解决该问题，本书借助计算机图形学中的拓扑多边形生成算法，实现给定结构线框加载虚面的自动生成。

从计算几何的角度讲，该问题为根据空间直线生成封闭多边形，属于计算机图形学中的关键算法，在地理学 GIS 等方面均有应用。其中应用较多的方法为闫浩文等提出的基于方位角计算最小角搜索的拓扑多边形构建算法，其根据节点坐标和杆件起始编号，通过 $2N$ 次方位角计算（$N$ 为直线数），即可搜索出所有多边形[8]。该算法基于 GIS 领域开发，无法直接应用于空间网格结构。首先，地理学中对生成的多边形边数没有限制，而 SAP2000 中的面单元只可识别三角形面和四边形面；其次，该方法会生成重复的多边形和错误的外轮廓多边形，需进行消除处理，影响计算效率。因此，本章将该算法进行改进，并将其集成于 Grasshopper 平台下，以图 2-63 所示的四边形边界曲面联方网格角点附近 $O$ 点为例说明其实现步骤。

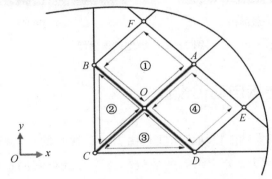

**图 2-63 利用最小角搜索算法构建加载虚面**

① 获取杆件节点拓扑关系，将节点分为 $n$ 组（$n$ 为节点个数），图中与红色杆件相连的点为一组，每组包括中心点（点 $O$）和端点（点 $A$、$B$、$C$、$D$）；

② 计算各杆件的方位角（由 $x$ 轴正向逆时针转到杆件的角度），并按方位角由小到大的顺序将节点排序，图中依次为 $A$、$B$、$C$、$D$；

③ 以第一根杆件 $OA$ 为搜索杆件，按逆时针夹角最小的原则确定节点前进方向，直至下一前进点与最初起点重合，依次走过 $O \to A \to F \to B$，即可完成第 1 个四边形封闭面的建立；

④ 针对其他杆件重复步骤③即可完成以 $O$ 为中心点的 4 个封闭面的创建；

⑤ 针对其他中心点重复步骤②～④完成所有加载虚面的搜索。

　　按照上述步骤执行会生成重复多边形，本章针对每个前进向量引入搜索次数标识符，其初始化值均为 0，搜索过的方向向量其值变为 1，只对标识符为 0 的向量进行搜索，遇到为 1 的将直接跳出循环，这样既保证了生成的多边形唯一，又减少了搜索次数，大幅提高了计算效率。另外，为保证生成的为三角形面或四边形面，需限制生成面的节点数小于 4，这样也可避免外轮廓多边形的生成。其流程如图 2-64 所示。

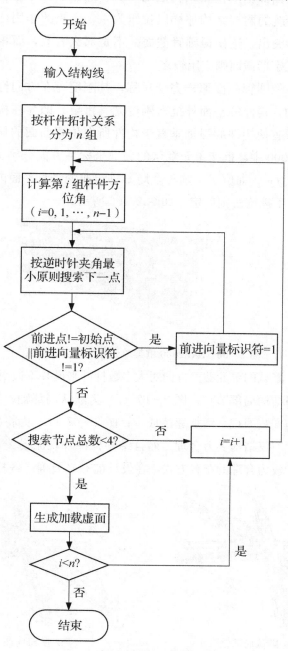

**图 2-64　最小角搜索算法流程图**

将上述算法封装为 Grasshopper 中的组件，如图 2 - 65 所示，输入结构线即可自动生成加载虚面。

图 2 - 65　加载虚面自动生成

## 2.6.2　杆件局部轴调整

近年来各种自由曲面空间网格结构层出不穷，这些曲面形态自由、造型多变，使得杆件受力不再像传统的网格结构那样以拉压为主，弯矩的作用往往不可忽略，这在单层网格结构中更为突出。这使得圆管截面并不是那么有效，而相同面积下惯性矩更大的矩形管截面和工字形截面则应用较多。

这两种截面并不像圆管截面那样完全对称，其刚度存在方向性。而对于网格结构尤其是单层网格结构，构件的平面外抗弯刚度尤其重要，即存在构件截面强轴方向如何选取的问题，一般宜使构件的强轴垂直于构件所在位置曲面的切平面，亦即平行于曲面法向。在 SAP2000 中，框架单元默认的局部坐标系方向分别为：1 轴沿杆件轴向且由起点 $i$ 指向终点 $j$；2 轴位于 1 轴与全局 $z$ 轴组成的竖直平面内且夹角小于 90°；3 轴由 1 轴、2 轴按右手螺旋法则确定，如图 2 - 66 所示。

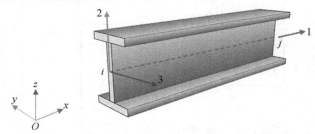

**图 2 - 66　SAP2000 框架单元默认局部坐标系**

对于自由曲面，默认的单元截面方向对大多数杆件来说并不适用，图 2 - 67 为采用工字钢截面的三向网格结构局部节点，图 2 - 67（a）为默认局部轴，其节点复杂，影响结构承载能力，且结构安装困难，增加建造成本；图 2 - 67（b）为将各杆件强轴调整为与曲面垂直，这种布置不仅结构受力合理，而且结构构件外观流畅美观，杆件间的屋面板也更易安装，是一种较为合理的布置方式，在设计前有必要确定各杆件的局部轴转角。

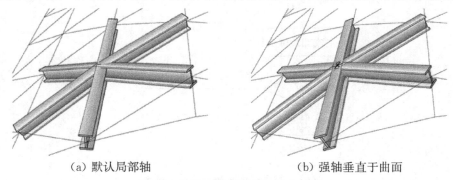

（a）默认局部轴　　　　　　　　　　（b）强轴垂直于曲面

**图 2 - 67　不同的构件截面方向布置**

　　刘峰成针对这些竖直截面的型材，通过引入几何绕率的概念将杆件局部轴的调整转化为几何绕率优化的问题，以杆件强轴与曲面法向的夹角最小为优化目标，采用遗传算法进行优化，很好地解决了强轴方向调整的问题；同时为便于工程人员应用，提出了均分角度法，以杆件相邻面单元法向夹角平分线确定强轴方向，避免了优化迭代[9]。但该方法需保证杆件间具有面板单元，且单一面板单元的法向量需多次计算，本章直接从曲面出发，通过计算杆件中点在曲面处的法向量来调整截面局部轴，如图 2-68 所示，其计算步骤如下：

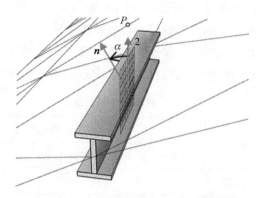

**图 2-68　基于曲面法向的杆件局部轴调整**

　　① 计算曲面在杆件中点处的法向量 $n$；

　　② 将杆件中点向上平移一定距离得到点 $P$，以该点和杆件直线确定参考平面，该参考平面的 $y$ 轴即为杆件默认的局部 2 轴；

　　③ 计算由局部 2 轴逆时针转到法向量 $n$ 的角度 $\alpha$（$\alpha \in [0, 2\pi]$），该角度即为杆件局部轴的旋转角度，再调用 SAP2000 的 API 函数即可。

　　将上述算法封装为如图 2-69 所示的组件，输入建筑曲面和结构线即可自动计算出各个杆件的局部轴转角，将其接入框架单元定义组件中的 Angle 端即可实现杆件强轴的自动调整，在后续的选型优化过程中，可使得网格的变化杆件局部轴同步变化。另外，这样生成的杆件截面与节点可直接用于可续节点的深化设计。

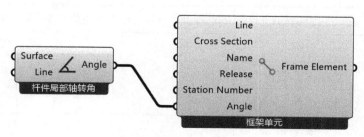

**图 2-69　杆件局部轴调整**

### 2.6.3　计算长度与长细比指定

通过加载虚面的自动生成和杆件局部轴的自动调整已可大幅提高空间网格结构的建模效率，然而在结构设计的过程中仍有一些问题需要解决。在钢结构设计中，稳定性设计是十分重要的一环，二阶效应是稳定性的根源，《钢结构设计标准》中提供了三种方法：一阶分析法、二阶 $P\text{-}\Delta$ 弹性分析法和直接分析法。其中一阶分析法引入计算长度的概念，在设计阶段考虑这些效应，分析时按线性计算，其计算效率高，适合后文方案阶段的选型优化，故本节自动化设计的实现基于该方法。另外，还需对长细比进行限制，以降低初弯曲等初始几何缺陷对稳定性的影响。

而空间网格结构受力特点不同于普通钢结构，表 2-1、表 2-2 分别为《空间网格结构技术规程》中关于空间网格结构杆件计算长度取值与长细比限值的规定。

表 2-1　杆件的计算长度 $l_0$

| 结构体系 | 杆件形式 | 节点形式 | | | | |
|---|---|---|---|---|---|---|
| | | 螺栓球 | 焊接空心球 | 板节点 | 毂节点 | 相贯节点 |
| 网架 | 弦杆及支座腹杆 | $1.0\,l$ | $0.9\,l$ | $1.0\,l$ | — | — |
| | 腹杆 | $1.0\,l$ | $0.8\,l$ | $0.8\,l$ | | |
| 双层网壳 | 弦杆及支座腹杆 | $1.0\,l$ | $1.0\,l$ | $1.0\,l$ | — | — |
| | 腹杆 | $1.0\,l$ | $0.9\,l$ | $0.9\,l$ | | |
| 单层网壳 | 壳体曲面内 | — | $0.9\,l$ | | $1.0\,l$ | $0.9\,l$ |
| | 壳体曲面外 | | $1.6\,l$ | | $1.6\,l$ | $1.6\,l$ |
| 立体桁架 | 弦杆及支座腹杆 | $1.0\,l$ | $1.0\,l$ | | | $1.0\,l$ |
| | 腹杆 | $1.0\,l$ | $0.9\,l$ | | | $0.9\,l$ |

注：$l$ 为杆件的几何长度（即节点中心间距离）。

表 2-2　杆件的容许长细比 $[\lambda]$

| 结构体系 | 杆件形式 | 杆件受拉 | 杆件受压 | 杆件受压与压弯 | 杆件受拉与拉弯 |
|---|---|---|---|---|---|
| 网架 | 一般杆件 | 300 | 180 | — | — |
| 立体桁架 | 支座附近杆件 | 250 | | | |
| 双层网壳 | 直接承受动力荷载杆件 | 250 | | | |
| 单层网壳 | 一般杆件 | — | | 150 | 250 |

由表2-1和表2-2可知，空间网格结构杆件的计算长度与长细比需按结构类型、节点形式与杆件所处的部位分别考虑，设计中往往需要手动指定，效率低下，有必要通过程序算法自动指定，其中杆件形式的确定是关键的一步，即针对给定的结构线对杆件进行筛分。因单层网壳计算长度只需区分壳体平面内外，容许长细比均针对一般杆件，故筛分主要针对双层网格结构。

本节通过判断支座点列表与杆件端点的包含关系进行杆件筛分，开发如图2-70所示的组件，依次输入第3章的单层网格参数化生成程序得到上弦杆、下弦杆及腹杆，再给定支座节点，即可得到弦杆、一般腹杆、支座腹杆、一般杆件及支座附近杆件五类杆件，其中前三类用于计算长度系数的指定，后两类用于长细比限值的指定。将这五类杆件依次接入钢结构设计参数组件，并给定结构体系和节点形式，即可按表2-1和表2-2实现不同部位杆件计算长度和长细比的自动指定，生成的 Design Setting 数据可用于下一小节钢结构的自动化设计。

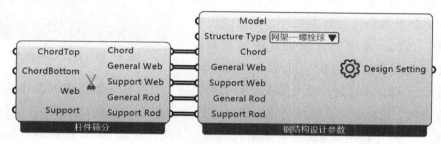

图2-70　计算长度与长细比指定

## 2.6.4　钢结构截面优化设计

完成前序准备工作后，即可进行空间网格钢结构截面设计。SAP2000 可以对定义了自动选择截面列表的截面进行自动优化设计，但该功能无法像 3D3S 那样进行多次自动迭代优化，即若设计截面与分析截面不匹配，则需重新进行结构分析获取最新内力，直至分析截面与设计截面完全符合。该过程需人工检验调试，重复性高、效率低，为解决该问题，本节调用 API 函数判断截面优化状态，通过循环迭代将上述过程自动化，如图2-71所示。输入组装好的 Model 数据和上节生成的钢结构设计参数 Design Setting 数据，并给定优化的目标应力比和最大迭代次数即可实现钢结构截面的自动优化设计，并输出 Design Info 设计信息。该信息可以给出优化结果和迭代步数，如图2-72所示，可直观地指导设计。

图2-71　钢结构截面优化设计

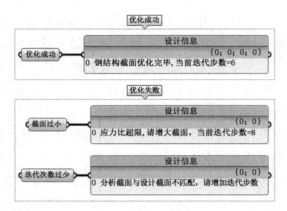

图 2-72　设计信息

完成截面的优化设计后，需查看设计结果以了解应力比、设计截面等信息，然而 SAP2000 无法直接导出结构的应力比图，其他设计信息也需要通过提取结果表格进行数据处理，不方便设计人员使用，为此，本节另开发设计结果查询组件，将常用的查询信息封装，如图 2-73 所示。

图 2-73　设计结果查询

接入设计后的 Model 数据，输入待查询的结构线或单元名称（默认查询整体结构）即可实现应力比、设计截面、设计荷载组合、设计荷载组合信息的自动提取；同时基于 WinForm 界面设计程序开发应力比图的自动输出功能，点击 Show 按钮即可生成应力比图。

至此，本章开发的 Grasshopper 与 SAP2000 数据接口的独立功能模块已全部介绍完毕，为进一步方便使用，以及为下一章的空间网格结构选型优化做准备，针对一般结构，将常用的功能模块的参数设置与模块之间的数据传递进行高度集成与封装，开发如图 2-74 所示的空间网格结构自动化设计集成组件。其只需在输入端输入建筑曲面、优化截面库、结构几何模型（包括结构线框和支座点）、结构类型、荷载参数（包括地震参数、恒载、活载、温度荷载）和设计参数（包括设计应力比与迭代步数）即可自动进行空间网格结构设计，并在右端自动输出设计信息、用钢量、挠跨比等结构性能参数，用于方案评估，大幅提高设计效率。

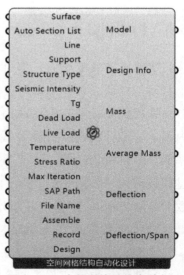

图 2-74　空间网格结构自动化
设计集成组件

## 2.7　算例分析

为验证本章开发程序的有效性并展示程序运行结果，本节以四边形边界波浪形自由曲面为例，应用前两节开发的模块化程序，通过各模块组件的合理拼装与连接，介绍空间网格结构自动化设计的实现流程，建筑曲面参数如图2-75所示，其平面投影尺寸为64 m×48 m，波浪高度为3 m。同时将结构的计算分析和设计结果与当前应用较多的Grasshopper平台下的结构参数化设计插件Karamba 3D进行对比。

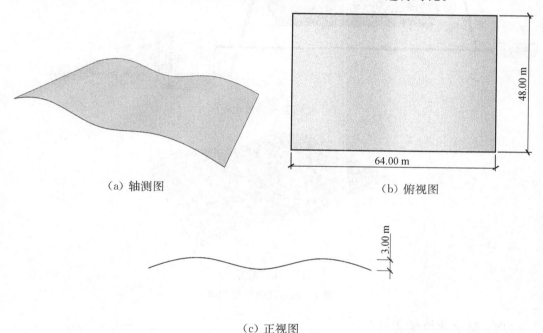

（a）轴测图　　　　　　　　　　　　　　（b）俯视图

（c）正视图

**图2-75　波浪形自由曲面及尺寸**

结构体系采用双层网格结构，节点形式采用螺栓球节点，网格拓扑类型取正放四角锥，钢材采用Q355钢，截面形式为圆管截面，支承形式为四边支承，柱距取8 m。荷载考虑恒载、活载、温度作用和地震作用，恒载包括结构自重、20%节点自重以及屋面恒载，屋面活载取0.5 kN/m²，温度荷载取±25 ℃，抗震设防烈度为7度（0.10 g），场地类别为Ⅲ类，设计地震分组为第二组，特征周期为0.55 s。

### 2.7.1　结构模型建立

#### （1）几何模型创建

首先需根据建筑曲面生成双层网格结构的几何线框模型，其参数化程序如图2-76

（a）所示。网格尺寸取 4.0 m，网格厚度取 3.0 m，网格类型选为正放四角锥，网格杆件数为 1 536，节点数为 413，将上弦杆接入生成加载面组件，即可实现加载虚面的自动生成。由图可知共生成了 192 个网格面，生成效果如图 2 - 76（b）所示。

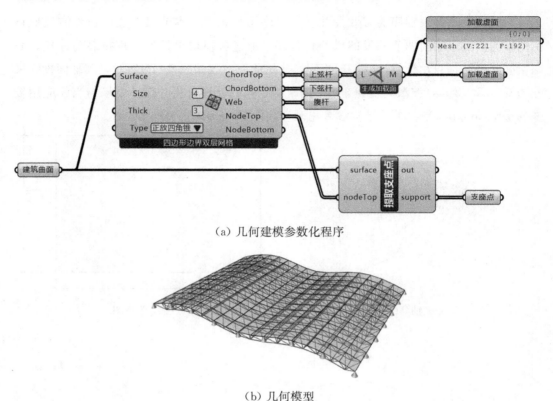

（a）几何建模参数化程序

（b）几何模型

**图 2 - 76  几何模型创建**

（2）赋予结构信息

完成几何模型的创建后需对几何模型赋予材料、截面、单元、荷载等结构信息，从而实现几何模型到结构模型的转换，其参数化程序如图 2 - 77 所示，包含单元及支座定义以及荷载施加。

面单元采用 None 虚面进行导荷；框架单元通过 Release 参数进行端部释放，测站数取 3，截面库采用热轧无缝钢管 GB-SSP，截面尺寸共 6 种：φ60×3.5、φ83×3.5、φ114×4、φ140×7、φ168×7.5、φ219×12（单位：mm）；支座取三向固定铰支座。

荷载模式分别定义恒载、活载、温度作用，恒载自重乘数取 1.2 以考虑节点自重，屋面恒载方向取重力方向，活载取重力投影方向；质量源按 1.0 恒载＋0.5 活载考虑，采用 Ritz 向量法进行模态分析且模态数取 30；地震作用考虑 $x$、$y$、$z$ 三个方向，其中竖向地震影响系数最大值取为水平地震的 65％。

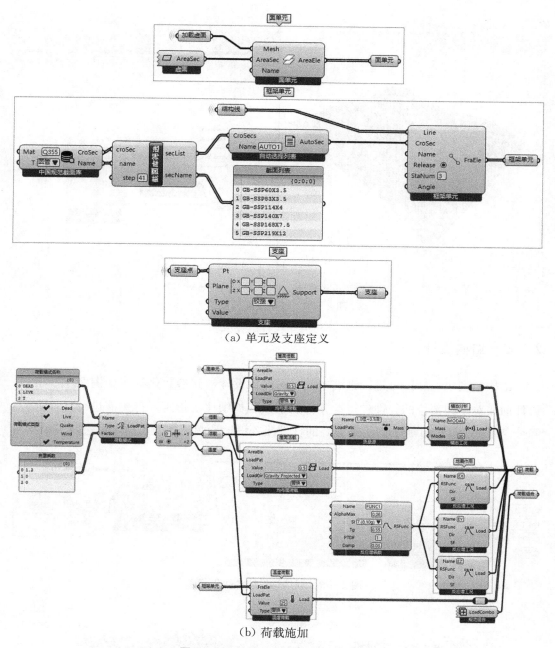

(a) 单元及支座定义

(b) 荷载施加

**图 2-77　结构信息赋予参数化程序**

（3）模型组装

将上述生成的数据组装即可将几何信息、结构信息发送至 SAP2000 中，如图 2-78 所示。本节算例包含 1 536 个杆单元、192 个面单元、32 个支座、1 924 个荷载、30 种荷载组合，其结构模型的组装与发送仅需 2.6 s，说明本章开发的程序具有较高的效率。

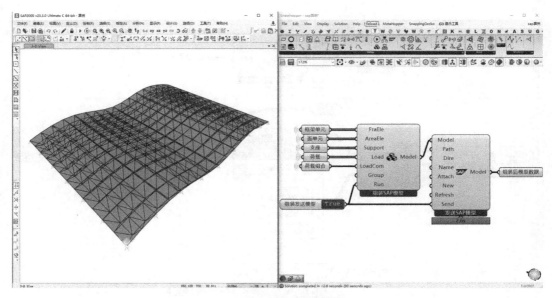

图 2-78　模型组装与发送

## 2.7.2　结构设计

　　结构模型建立后即可进行钢结构截面的优化设计，其参数化程序如图 2-79 所示。设计前需对不同部位的杆件进行计算长度系数和长细比的指定，首先需进行杆件筛分，筛分结果如图 2-80 所示。将筛分好的杆件接入设计参数组件，随后即可进行钢结构自

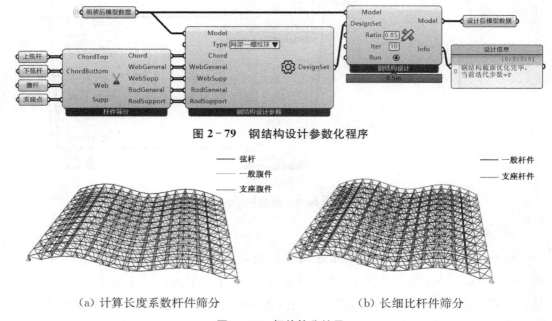

图 2-79　钢结构设计参数化程序

（a）计算长度系数杆件筛分　　　　　　　（b）长细比杆件筛分

图 2-80　杆件筛分结果

动化设计。本例最大应力比取为 0.85，最大迭代次数设为 10，经过 8 次循环迭代，结构杆件全部通过校核，且分析截面等于设计截面，设计过程共耗时 8 min 30 s。

### 2.7.3　设计分析结果

（1）设计结果

设计结果提取包含结构的应力比、设计截面、设计荷载组合、各截面数量、用钢量等信息，如图 2-81 所示。由图可知，本结构设计荷载组合大部分为竖向荷载和温度荷载的组合，即地震作用不起控制作用；总用钢量为 83.9 t，每平方米用钢量为 27 kg；点击 Show 按钮即可自动生成图 2-82 所示的应力比图，最大应力比为 0.83。

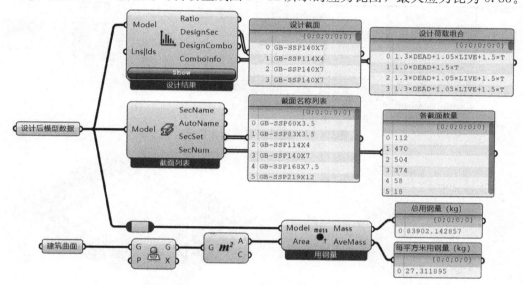

图 2-81　设计结果提取参数化程序

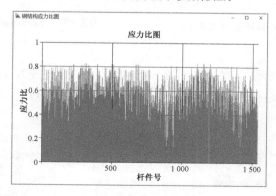

图 2-82　应力比图

（2）分析结果

分析结果指提取设计好的结构的分析数据，如挠度、支座反力、应变能、自振周期等指标，从而达到结构方案性能评估的目的。本节通过模型解析获取 SAP 设计模型的信息，并将其转化为 Karamba 模型，对比两者的计算分析结果，其中挠度对比 Karamba 的 1.0 恒载＋1.0 活载的标准组合工况，其他指标对比 1.3 恒载＋1.5 活载的基本组合工况。

① 挠度

挠度提取的参数化程序如图 2-83 所示，其中 SAP2000 计算得到的结构最大竖向位移为 0.092 7 m，Karamba 为 0.093 2 m，挠跨比为 1/517＜1/250，满足要求。SAP2000 和 Karamba 的结构整体变形如图 2-84、图 2-85 所示。

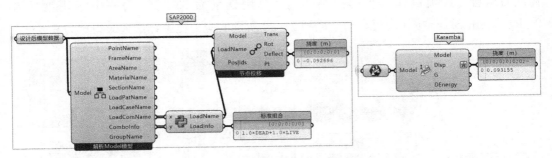

图 2-83 挠度提取参数化程序

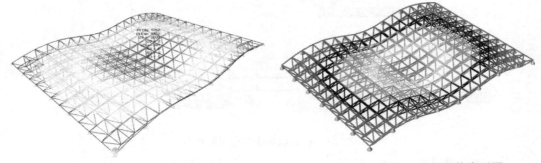

图 2-84 SAP2000 结构整体变形图      图 2-85 Karamba 结构整体变形图

② 支座反力

支座反力提取的参数化程序如图 2-86 所示，最大支座反力与支座反力合力见表 2-3，由表可知 SAP2000 和 Karamba 的计算结果基本一致。

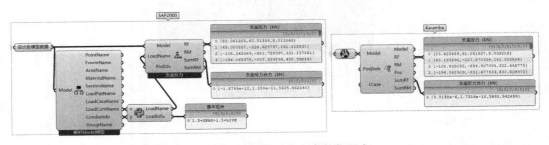

图 2-86 支座反力提取参数化程序

表2-3 支座反力

| 软件 | 支座反力最大值/kN | | | 支座反力合力/kN | | |
|---|---|---|---|---|---|---|
| | $F_x$ | $F_y$ | $F_z$ | $F_x$ | $F_y$ | $F_z$ |
| SAP2000 | −194.07 | 887.53 | 428.59 | 0 | 0 | 5 625.46 |
| Karamba | −194.97 | 891.67 | 430.61 | 0 | 0 | 5 685.94 |

③ 应变能

应变能提取的参数化程序如图2-87所示，由图可知，本章开发的计算SAP2000应变能的程序算得结构整体的轴向应变能为148.21 kN·m，弯曲应变能为0.53 kN·m；Karamba计算的轴向应变能为149.58 kN·m，弯曲应变能为0，两者基本一致，验证了本章开发算法的合理性。其中弯曲应变能的差异主要是因为SAP2000中并无杆单元，需通过对梁单元进行端部释放以模拟杆单元的两端铰接，计算过程中弯矩分量产生微小的误差，但其在工程可接受的范围内。

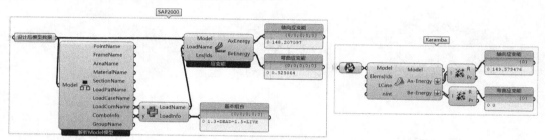

图2-87 应变能提取参数化程序

④ 自振周期

前三项为结构的静力性能评估，自振周期属于结构的动力特性，其提取参数化程序如图2-88所示。由图可知SAP2000采用Ritz向量法计算模态数取30，各方向的振型质量参与系数均已达到99%，满足不小于90%的要求。

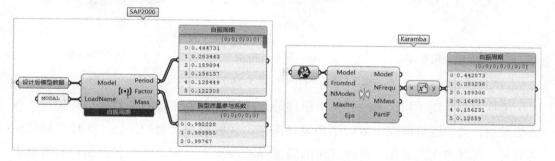

图2-88 自振周期提取参数化程序

结构前6阶自振周期如表2-4所示，由表可知两种软件前3阶周期基本一致，从第4阶开始有一定的差异。为方便对比，给出结构第4~6阶的振型图，如图2-89、

图 2-90 所示。由图可知，SAP2000 振型图中的第 4、5 阶振型分别对应着 Karamba 振型图中的第 5、6 阶振型，由表 2-4 也可以看出其周期的对应关系。主要原因为本章开发的 SAP2000 程序中模态分析采用 Ritz 向量法，而 Karamba 则采用特征向量法，无法考虑荷载的空间分布，其生成的第 4 阶振型的振型质量参与系数很小，而 Ritz 向量法则可以很好地跳过该振型，大幅提高计算效率。用同样的方法计算 30 阶振型，SAP2000 的振型质量参与系数可达到 99%，而 Karamba 只有 81%，这也说明了 Karamba 在动力特性计算方面的局限性。

表 2-4　结构前 6 阶自振周期

| 软件 | 第 1 阶/s | 第 2 阶/s | 第 3 阶/s | 第 4 阶/s | 第 5 阶/s | 第 6 阶/s |
|---|---|---|---|---|---|---|
| SAP2000 | 0.445 | 0.283 | 0.190 | 0.156 | 0.128 | 0.122 |
| Karamba | 0.443 | 0.283 | 0.189 | 0.164 | 0.156 | 0.129 |

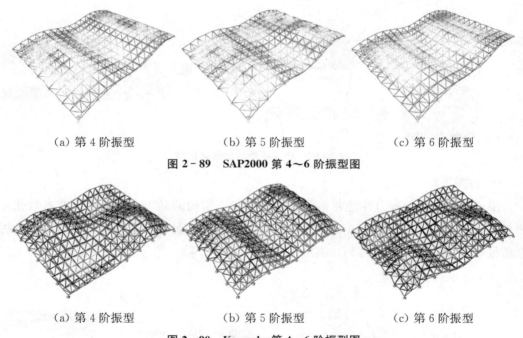

（a）第 4 阶振型　　　　（b）第 5 阶振型　　　　（c）第 6 阶振型

图 2-89　SAP2000 第 4~6 阶振型图

（a）第 4 阶振型　　　　（b）第 5 阶振型　　　　（c）第 6 阶振型

图 2-90　Karamba 第 4~6 阶振型图

上述内容介绍了如何通过各模块组件的合理连接实现完整的参数化结构设计，该方法灵活性大，既可解决一般的结构设计问题，又可解决复杂的问题，如杆件局部轴的调整、荷载方向的变化、弹性支座的施加以及改变支座约束平面等，用户只需根据需要自己组合模块组件即可。

针对一些如本算例的简单情况，也可直接调用图 2-74 的集成组件，输入相应的参数即可进行结构的自动化设计，如图 2-91 所示。仅需一个组件即可完成结构模型建立、结构设计、设计结果输出的所有内容，全过程仅耗时 8 min 且无须人为干预，其输出的用钢量、挠度等信息也与前述独立模块组合得到的结果一致。

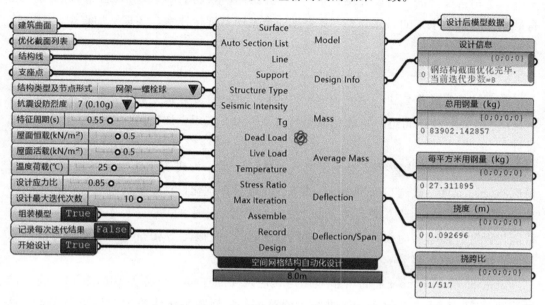

图 2-91 空间网格结构自动化设计结果

## 2.8 Grasshopper 在数字结构设计中的后续发展

Grasshopper 作为数字结构设计领域的重要工具，其未来发展的主要方向如下：

（1）智能化设计

随着人工智能技术的不断发展，数字结构设计领域也将逐步实现智能化设计。未来的 Grasshopper 将不仅是一个建筑结构设计工具，还将具备智能化的设计能力。例如，Grasshopper 可以通过机器学习算法实现自动化设计和优化设计。

（2）多学科融合

数字结构设计涉及多个学科领域，例如结构力学、建筑学、材料学等。未来的 Grasshopper 将进一步实现多学科融合，将不同领域的知识和技术融合在一起，实现更加综合化的设计。

（3）云计算

云计算是数字结构设计领域的重要发展趋势，未来的 Grasshopper 也将逐渐实现云计算。通过云计算，设计师可以在云端实现大规模数据的处理和计算，提高数字结构设计的效率和精度。

（4）可视化技术

数字结构设计需要将设计结果以可视化的方式呈现出来，以方便设计师和用户进行观察和交流。未来的 Grasshopper 将进一步发展可视化技术，实现更加直观、生动的展示效果。

（5）模拟与仿真

数字结构设计需要进行各种模拟与仿真，例如静力分析、动力分析、热分析等。未来的 Grasshopper 将进一步强化模拟与仿真能力，实现更加精确、细致的分析和优化设计。

Grasshopper 作为数字结构设计领域的重要工具，为建筑结构设计师提供了高效、便捷的设计工具。通过 Grasshopper 的参数化建模和优化设计，设计师可以快速生成各种复杂的建筑结构设计方案，提高设计效率和精度。未来的 Grasshopper 将进一步发展智能化设计、多学科融合、云计算、可视化技术、模拟与仿真等，为数字结构设计领域的发展提供更加强大的支持。

未来的 Grasshopper 将进一步强化与其他软件的连接，与各种 BIM 软件、建筑信息管理系统、建筑自动化系统等进行无缝对接，实现数字化建筑生态系统的建立。这样的数字化建筑生态系统可以将设计、施工、运营、维护等环节进行无缝对接，实现建筑全生命周期的数字化管理和优化。

数字结构设计是数字建筑领域的一个重要分支，具有广阔的应用前景。Grasshopper 作为数字结构设计的重要工具，未来将继续发挥重要作用，为建筑结构设计师提供高效、便捷的设计工具，促进数字建筑领域的快速发展。

# 参考文献

[1] de Boor C. On calculating with B-splines [J]. Journal of Approximation Theory, 1972, 6 (1): 50 - 62.

[2] Versprille K J. Computer-aided design applications of the rational B-spline approximation form [D]. Syracuse, NY: Syracuse University, 1974.

[3] Piegl L. Modifying the shape of rational B-splines. Part 1: curves [J]. Computer-Aided Design, 1989, 21 (8): 509 - 518.

[4] Piegl L. Modifying the shape of rational B-splines. Part 2: surfaces [J]. Computer-Aided Design, 1989, 21 (9): 538 - 546.

[5] 皮尔，特莱尔. 非均匀有理 B 样条 [M]. 赵罡，穆国旺，王拉柱，译. 2 版. 北京：清华大学出版社，2010.

［6］中华人民共和国住房和城乡建设部．钢结构设计标准：GB 50017—2017［S］．北京：中国建筑工业出版社，2017.

［7］中华人民共和国住房和城乡建设部．空间网格结构技术规程：JGJ 7—2010［S］．北京：中国建筑工业出版社，2010.

［8］闫浩文，杨维芳，陈全功，等．基于方位角计算的拓扑多边形自动构建快速算法［J］．中国图象图形学报，2000，5（7）：563－567.

［9］刘峰成．自由曲面单层空间网格结构形态与网格优化研究［D］．南京：东南大学，2020.

# 第三章

# 结构形态优化设计

## 3.1 引言

乌拉圭建筑师及结构工程师艾拉迪欧·迪斯特曾说："我们所设计的结构的稳定性及强度主要依靠它们的形式，正是因为具有合理的结构形式它们才得以保持稳定，而不仅仅是依靠拙劣的材料堆积。"这句话阐述了结构的形态选择对于结构设计的重要性，一直以来，人们探索结构合理形态的脚步从未停歇过。纵观历史长河中许多经典结构，比如著名的山西应县木塔［图3-1（a）］、石家庄赵县赵州桥［图3-1（b）］以及蒙古包［图3-1（c）］等，无不体现着其建筑使用功能、优美几何形态与结构合理受力的协调一致，且以此为目标的相关研究也一直备受关注[1]。

（b）赵州桥

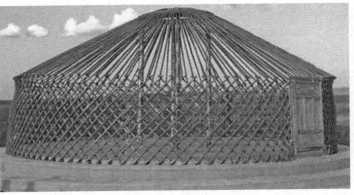

（a）应县木塔　　　　　　　　　　　　　（c）蒙古包

**图3-1　实践中人们对结构形态的探索**

对合理结构形态的探索一直是结构工程领域的重要研究课题，其具体的发展过程可以大致概括为如下几个阶段：①无意识的早期形态探索；②有意识的形态研究，包括物理模型试验方法（逆吊试验法、充气膜法、肥皂膜试验法等）和仿生设计；③基于现代计算机辅助技术的数值优化形态生成与优化研究[2-3]。另外，根据形态学的观点，结构形态的创建还可分为以"形"为主的形态创建和以"态"为主的形态生成。

## 3.2　无意识的早期形态探索

"自然总是擅长建造最经济的结构"，这是美国发明家富勒的名言，他被认为是目前为止世界上实现建筑工业技术的天才，一生发明众多。早期，人们对于建筑结构形式的探索就是从学习自然界物体的形式开始的，即源于对自然现象或物体的观察和经验总结。古代人类发现自然界中存在大量形式简单、受力良好的天然结构形式，例如鸟窝、蜘蛛网、棕榈叶子、天然山洞等。经过简单的仿照，人们开始用树枝树干为骨架、树叶稻草为蒙皮制造帐篷，如图 3-1（c）所示的蒙古包，用石头仿照山洞的样子建造穹顶、桥梁等。经过长期实践和经验总结，人们意识到穹顶等拱形建筑的优点，它可以用较小的表面封闭较大的空间[4]。

无意识的早期形态探索是指劳动人民在长期的生产实践中，根据自身不断积累的经验建造出各类形式较为合理的结构，如赵州桥、悬索桥、应县木塔、帐篷、蒙古包、穹顶建筑等，它们都体现出了力与形的完美融合。但是在此阶段，由于数学和力学等基础科学发展都不成熟，因此人们对于建筑形态的了解仍然是单纯的、基于经验的。

## 3.3　物理模型试验法

随着社会经济的发展，科技的进步，数学、力学等基础学科的发展为结构形态的探索提供了有力的理论基础，人们于 20 世纪初期开始了真正的有意识的结构形态创建研究[5]，世界各地的建筑和结构大师们对此进行了丰富的探索与工程实践。但是，由于此时尚未出现计算机辅助设计技术，因此，此时学者们对于结构形态的创建大多是通过物理模型试验的方法来实现的。其中，较为著名和有效的基于物理模型试验的结构形态创建方法有逆吊试验法、充气膜法、肥皂膜试验法等，逆吊试验法根据其悬挂材料不同又可分为悬挂垂线法、悬挂索网法和悬挂薄膜法。该方法原理简单，容易实现，在计算机出现以前，逆吊试验法是结构形态设计中不可或缺的重要方法。该方法概念清晰、形象直观且易于操作，是安东尼奥·高迪（Antonio Gaudi）、海因茨·伊斯勒（Heinz Isler）、弗雷·奥托（Frei Otto）等建筑大师在设计其经典建筑作品时普遍采用的方法[6-9]。

  例如，20 世纪初，西班牙建筑师高迪利用逆吊试验法设计了一系列具有雕塑感的建筑[10-12]，其中最为著名的当数西班牙巴塞罗那圣家族大教堂（Sagrada Familia），它采用"丝线悬垂法"进行设计，设计过程中，悬挂丝线的试验模型以及所施加荷载都是根据实际情况推算而来的。图 3-2 所示为高迪的悬挂丝线模型和圣家族大教堂真实照片。

  （a）悬挂丝线模型     （b）教堂外景     （c）教堂内景

**图 3-2   圣家族大教堂**

  20 世纪后半叶，借鉴"悬垂线"的思想，瑞士工程师海因茨·伊斯勒提出了悬挂薄膜法和充气膜法，并利用该方法在 1960、1970 年前后设计了众多的混凝土薄壳结构，如 Deitingen 加油站、惠氏花园中心、Heimberg 网球中心等[13-21]，如图 3-3 所示。

  （a）惠氏花园中心       （b）Heimberg 网球中心

**图 3-3   海因茨·伊斯勒设计的混凝土薄壳作品**

  西班牙建筑师坎德拉（Candela）将多个双曲抛物面组合起来设计出了许多形式优美的混凝土薄壳结构[1]，如图 3-4 所示的霍奇米洛克餐厅（Los Manantiales）。

  被誉为"钢筋混凝土诗人"的意大利工程师皮埃尔·奈尔维（Pier Nervi）在 20 世

纪初就凭借着其敏锐的结构直觉，在没有严密计算的情况下，创作出了许多形态优美的钢筋混凝土作品，赋予了混凝土生命[27]。最为著名的是奈尔维为1960年罗马奥运会设计的罗马小体育馆，如图3-5所示。

图3-4 霍奇米洛克餐厅

图3-5 罗马小体育宫

20世纪中期，索、膜类结构得到了快速发展，这一时期仍然以物理模型试验设计为主，以德国建筑师弗雷·奥托为代表的很多学者从蜘蛛网、肥皂泡等自然现象中受到启发，提出了确定索、膜结构初始形态的极小曲面理论[5]。弗雷·奥托的代表作有蒙特利尔世界博览会西德馆、曼海姆多功能大厅屋顶（Roof for the Multihalle）、德国慕尼黑奥运会主要体育设施的屋顶等[28-29]，如图3-6所示。

（a）蒙特利尔世界博览会西德馆

（b）曼海姆多功能大厅屋顶

图3-6 弗雷·奥托代表作品

自然总是擅长建造最经济的结构，和弗雷·奥托同时代的美国学者富勒（B. Fuller）通过对自然现象的观察和思考，提出并发展了Dymaxion思想，其提出的短线程穹顶、张拉整体穹顶、索穹顶结构等至今仍是结构工程领域研究的前沿。20世纪80年代，盖格尔（Geiger）受富勒提出的张拉整体穹顶的思想启发，提出了一种有索杆预应力的张拉整体穹顶结构体系，即"索穹顶（cable dome）"结构（又称Geiger体系）[30]，并将其成功应用于汉城奥运会的体操馆（图3-7，直径为119.8 m）和击剑馆（直径为89.9 m）、美国的红鸟体育馆（椭圆91.4 m×76.8 m）等。此外，在1992年，美国工程师 Levy 等人又对 Geiger 体系进行了完善，设计了一种稳定性更好的三角形网格穹顶，称为 Levy 体系索穹顶。1996 年建成的佐治亚穹顶（Georgia Dome）即是 Levy 体系索穹顶的典型工程应用，如图 3-8 所示。

图 3-7　汉城奥运会的体操馆

图 3-8　美国佐治亚穹顶

## 3.4　基于数值优化方法的形态确定

自 20 世纪 80 年代以来，随着计算机辅助设计技术的发展以及数值计算方法的不断完善，工程师们逐渐摒弃以物理模型试验或仿生设计为主的形态生成，转而开始利用各种数值描述方法以及力学分析方法寻求更具力学合理性的结构几何形态。这一阶段，主要的结构形态创建与优化方法大致包括动力松弛法、力密度法、数值逆吊法、图解静力学法、粒子弹簧法，以及基于结构有限元分析衍生出的一些结构形态优化方法等。

动力松弛法（dynamic relaxation method，DRM）是一种应用动力学原理将结构的静力问题转化为动力问题的求解非线性系统平衡状态的数值方法[31-32]，由 Otter 于 1964 年首先提出。动力松弛法的优点是无须计算结构的总刚矩阵，效率较高，可靠性好，经过众多学者的不断完善，已经成为张拉索膜结构、刚性杆系网格结构形态优化的基本方法之一[33-37]。Ding 等基于动力松弛法原理提出了一种用于空间网格结构的节点移动形态优化方法，得到了具有较优力学性能的曲面形态[38]。

力密度法（force density method）最早由 Linkwitz 和 Schek 于 20 世纪 70 年代提出，随后经过 Argyris、Gründig 等人的发展和完善，如今已经是世界范围内应用最为广泛的索膜结构找形方法之一[39-41]。这里的力密度，具体是指结构杆件内力与其长度的比值。力密度法适用于索网结构的找形分析，近年来也有学者对其进行改进而用于刚性杆件体系的形态优化。其中，力密度值的不同、外荷载的变化以及不同的边界约束都会对结构的最终形状产生影响，图 3-9 和图 3-10 为在不同的力密度值和不同边界条件下得到的结构形态示意图。时至今日，基于力密度法的结构形态分析还在不断发展和完善[42-43]，学者们也开发出了相关的应用软件，例如德国的 EASY、意大利的 Forten 以及新加坡的 WinFabric 等都是基于力密度法原理开发的。

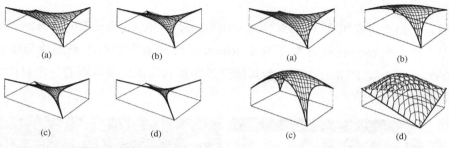

图 3-9 不同力密度值下的形状　　图 3-10 不同边界条件下的形状

日本的半谷裕彦教授和川口健一教授采用"广义逆矩阵"理论解决了初始形状不稳定结构（如悬索、薄膜等柔性结构）的初始形态确定问题，并且提供了利用机动体系的特点创建出结构形态的可能性，首次实现了"逆吊试验法"的数值化，其方法称为"数值逆吊法"，为结构设计理论在建筑设计领域的直接应用提供了有力的理论依据[44-46]。与之类似，2010 年巴西坎皮纳斯州立大学教授 Vizotto 利用非线性有限元法实现了逆吊壳体结构的数值化生成，并采用该方法进行了混凝土连续壳体结构的形态优化[47-50]。

图解静力学（graphic statics）发端于德国人卡尔·库尔曼在 19 世纪 60 年代发表的专著《图解静力学》[51-52]。目前，其知识体系大致包括两种：一种是由美国麻省理工学院（MIT）教授们建构的 MIT 知识体系；另一种是由瑞士洛桑联邦理工学院（EPFL）穆托尼教授建立，由苏黎世联邦理工学院（ETH）的席沃扎、科特尼克、拉乔尔等人进行补充的 EPFL/ETH 知识体系[53]。

图解静力学法示意图如图 3-11 所示[54]。在力的图解表达中，线段的长度代表形图解中相应力的大小，而箭头指向则代表与之相对应的力的方向[55]。图解静力学法通过几何作图的方式交互结构的形与力信息，简洁形象，因此可以借助其形与力的图解进行结构几何形态的创建与优化[56]。

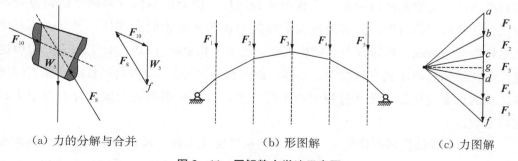

（a）力的分解与合并　　　（b）形图解　　　　　（c）力图解

图 3-11 图解静力学法示意图

2008 年，ETH 的菲利普·布洛克教授（Philippe Block）团队将图解静力学进行延伸，提出了适用于薄壳结构形态创建与优化的推力网格分析法（thrust network analysis，TNA）[57-59]。

其后，布洛克研究团队（Block Research Group，BRG）依托 Rhinoceros 三维建模软件，基于推力网格分析法开发了基于 Rhino 平台的薄壳结构形态创建与优化插件 RhinoVAULT[60-61]，图 3 - 12 所示为其插件界面和利用该插件得到的一个自由曲面自承重拱形结构模型。

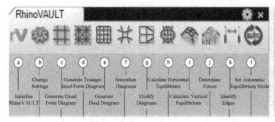

(a) 插件界面　　　　　　　　　　　　(b) 自承重拱形结构模型

**图 3 - 12　RhinoVAULT 插件界面及利用该插件得到的结构形态**

综上所述，人们对于结构合理形态的探索从未停歇，这也使得结构形态学作为一门独立学科应运而生且迅速发展起来。20 世纪 90 年代，国际壳体与空间结构协会（International Association for Shell and Spatial Structures，IASS）成立了"结构形态学小组"（Structural Morphology Group，SMG），首次提出了"structural morphology"一词[1]，工作组的成立为研究人员、工程师和设计人员提供了一个交流和分享与结构形态学相关的各个研究领域知识的平台。

## 3.5　考虑结构缺陷敏感性的单层空间网格结构形态优化

自由曲面单层空间网格结构以其优越的建筑艺术表现力和卓越的力学性能而备受关注。近年来，随着建筑业的发展和计算机辅助设计技术的进步，大量造型新颖的自由曲面单层空间网格结构在工程中得到应用。但自由曲面空间网格结构设计不应仅关注其形式的自由，同时还应保证该类曲面形式受力的合理性。国际壳体与空间结构协会创始人，西班牙著名结构大师爱德华·托罗哈（Eduardo Torroja）也曾说过"最佳结构有赖于其自身受力之形体，而非材料之强度"。因此，自由曲面空间网格结构的形态优化作为设计过程中的重要环节，近年来逐渐成为国内外众多学者研究的热点。

在自由曲面结构形态优化中，当考察结构性能优劣时，通常将结构总应变能作为优化目标，通过最小化结构总应变能来提高极限承载力。同时，单层空间网格结构作为一种缺陷敏感性结构，其承载力受初始几何缺陷影响较大，往往微小的几何偏差就会使结构极限承载力产生较大变化。以总应变能为优化目标，优化后的结构，在其轴向应变能比例逐渐增大的同时，弯曲应变能比例迅速变小，结构由受弯为主逐渐变为受轴压为主，此时结构的缺陷敏感性逐渐增强，这也是传统单层网壳结构对缺陷极为敏感的主要原因。而结构受弯时对几何缺陷并不敏感，适当保证结构中一定的弯曲应变能比例，可降低单层网格结构对初始几何缺陷的敏感性，增加结构实际承载力。但目前考虑初始几何缺陷影响的自由曲面单层空间网格结构形态优化的研究还比较少。

为此，本节首先分析了影响单层空间网格结构几何缺陷敏感性的因素，继而提出了将结构弯曲应变能比例作为约束条件的改进形态优化方法，并通过多个算例验证了该方法的可行性，以期为自由曲面单层空间网格结构形态设计提供参考。

### 3.5.1　考虑缺陷敏感性的单层空间网格结构形态优化方法

传统单层空间网格结构优化方法以结构总应变能为目标，以结构最大节点位移、杆件最大应力为约束条件，通过减小结构总应变能达到提高承载力的目的。该方法的不足之处在于优化后最终形态结构内部弯曲应变能极小，使得结构对初始几何缺陷的敏感性增强，而单层空间网格结构又是缺陷敏感性结构，几何缺陷对其承载力的影响不容忽视，微小的几何偏差可能会给结构性能带来较大危害。因此，利用传统优化方法得到的结构形态对初始几何缺陷极为敏感，削弱了形态优化带来的承载力提高优势。

鉴于此，本节提出将增加弯曲应变能占结构总应变能的比例作为约束条件的改进形态优化方法，即在减小结构总应变能的同时，在结构内部保留一定比例的弯曲应变能，通过人为控制结构内部弯曲应变能的比例，在保证总应变能减小的同时，使结构弯曲应变能不至于过小。这样既可有效提高结构极限承载力，又可降低结构对初始几何缺陷的敏感性，从而获得较传统优化方法更优的结构形态。

结构应变能即外力对结构所做的功以应力和应变的形式储存于结构内部的势能，它不仅反映了结构在静力荷载下的受力性能，而且可以在一定程度上反映结构的稳定性能。相对于结构位移、内力等静力评价指标来说，结构应变能指标可以综合反映结构的各项性能，而且，除此之外，应变能是一个纯数学量，在数值上等于网格结构中所有杆件单元的应变能之和，与坐标系的选取无关。因此，在结构形态优化中可以将结构应变能作为目标。

在考虑缺陷敏感性的自由曲面单层空间网格结构的形态优化中，其目标函数可表示为

$$C\left(z\right)=\frac{1}{2}U^{\mathrm{T}}KU \tag{3-1}$$

式中，$U$ 是网格结构节点位移向量，$K$ 是结构线性刚度矩阵；$z$ 是节点竖向坐标向量。

约束条件为：①最大节点位移 $\delta \leqslant B/400$，$B$ 为空间网格结构最小跨度（m）。

②最大杆件应力：$\sigma_{max} \leqslant 355$ MPa。

③弯曲应变能占结构总应变能的比例 $R = C_2/C$；其中，$C$ 是结构总应变能，可由式（3-1）得到；$C_2$ 是结构弯曲应变能，如式（3-2）所示：

$$C_2 = \frac{1}{2}U_z^\mathrm{T}K_bU_z \tag{3-2}$$

式中，$U_z$ 是网格结构节点面外位移向量，$K_b$ 是结构线性弯曲刚度矩阵。总应变能与弯曲应变能的差值即为结构轴向应变能 $C_1$，本节忽略结构扭转应变能的影响。

### 3.5.2　考虑缺陷敏感性的单层空间网格结构形态优化平台

分别采用 HyperWorks 系列软件中的 Optistruct 优化求解器和 MATLAB 编程语言对空间网格结构进行形态优化。Optistruct 优化求解器优化效率较高，但其缺点是优化指标仅可选为结构总应变能，不方便清晰地区分结构总应变能、弯曲应变能和轴向应变能。因此，在 HyperWorks 程序中进行形态优化时并没有考虑结构弯曲应变能比例的影响，这也是传统优化方法共性，没有考虑缺陷敏感性的影响。为此，本节将结构弯曲应变能比例作为约束条件，在传统优化方法的基础上进行改进，利用 MATLAB 编程语言，分别编制了结构总应变能和弯曲应变能的计算程序，再利用遗传算法对自由曲面单层空间网格结构进行形态优化。遗传算法最早是由美国密歇根大学的 Holland 教授于 20 世纪 70 年代提出的，它具有很强的全局搜索能力，并可多轨道并行搜索，有效防止搜索过程收敛于局部最优解；另外，遗传算法不同于一般梯度优化算法，它无须提供目标函数梯度信息，仅利用目标函数的取值信息，对求解问题初始值的选取依赖性较小，非常适合大规模、非线性函数优化及无解析表达式的目标函数优化，且具有很好的鲁棒性，在多种学科中得到了非常广泛的应用。值得注意的是，改进的形态优化方法中弯曲应变能的比例要根据设计人员经验选取。

### 3.5.3　缺陷敏感性定义

本节将结构极限承载力在施加初始几何缺陷后的下降程度定义为结构的缺陷敏感性，如式（3-3）所示：

$$\varphi = \left| \frac{P_d - P_i}{P_i} \right| \times 100\% \tag{3-3}$$

式中，$P_d$ 为施加初始几何缺陷后的结构极限承载力，$P_i$ 为完善结构即未施加初始几何缺陷时的结构极限承载力。$\varphi$ 越大表示初始几何缺陷对结构实际极限承载力的影响越大，结构对初始几何缺陷越敏感。

### 3.5.4　经典球壳的形态改善

本节首先以一个典型短程线球形网格结构为例阐述考虑缺陷敏感性影响的单层空间网格结构形态优化方法。图 3-13 所示为一短程线网壳，其网格形式是由美国建筑师巴克敏斯特·富勒基于测地线原理提出的，并作为美国先进技术的象征在 1967 年蒙特利尔国际博览会美国馆中得到应用。它可用较少的材料承受极大的外荷载，是富勒 Dymaxion 思想的完美体现。本节选取一矢跨比为 1/5 的短程线球壳为例，利用传统形态优化方法以及改进方法对其结构形状进行修正，其中，杆件采用 $\phi70\times3$ 的圆形钢管，泊松比为 0.3，弹性模量为 $2.0\times10^5$ MPa，均布荷载以等效节点荷载的方式施加，支承形式为周边铰支，设计变量取为结构内部自由节点的竖向坐标，如图 3-13（b）所示。

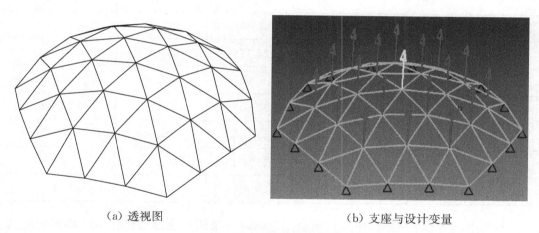

（a）透视图　　　　　　　　　　　　　（b）支座与设计变量

**图 3-13　短程线网壳模型**

（1）传统优化方法结果

首先，采用传统形态优化方法，以结构总应变能为目标，不考虑结构缺陷敏感性的影响对结构进行形态优化。利用 HyperWorks 软件中的 Optistruct 优化求解器，经过 40 次迭代，最后得到了结构总应变能最小的几何形状，如表 3-1 所示。相比于初始状态，优化后的结构总应变能减小了 37.66%，一般认为此时的几何形状就是结构性能最佳的结构形态。本节每隔 5 个迭代步提取一个结构形式，研究在考虑结构初始几何缺陷和不考虑结构初始几何缺陷的优化过程中，各种结构形式的屈曲荷载的变化，以及它们对初始缺陷敏感性的变化情况。网格结构初始几何缺陷一般是指节点位置的安装偏差、杆件初弯曲以及杆件对节点的初偏心，其中，节点位置安装偏差是主要影响因素。本节结构初始几何缺陷按照一致缺陷模态法施加，取一阶特征值屈曲模态作为相应的缺陷分布模式。结果对比情况如表 3-1 所示，可以看到，优化后无论是结构的总应变能还是结构内部的弯曲应变能及其占总应变能的比例都在减小，它们随优化进程的变化曲线如图 3-14 和图 3-15 所示。优化后，结构内部弯曲应变能的比例下降了47%左右，这意味着轴向应变能在结构总应变能中的比例相应地升高了，而轴向应变能的增加必然会导致结构缺陷敏感性的升高。图 3-16 显示了随着优化的进行，结构缺陷敏感性的变化情况，可以看到，随着结构优化的进行，结构缺陷敏感性呈增加趋势，最终迭代步结构形态具有较高的缺陷敏感性。

表 3-1　传统方法优化结果对比

| 迭代步长 | 极限承载力 $P_u$/N | | 缺陷敏感性 $\varphi$/% | 总应变能 $C$/J | 弯曲应变能比例 $R$ |
| --- | --- | --- | --- | --- | --- |
| | 完善结构 | 施加缺陷后 | | | |
| 0 | 2 324.76 | 1 864.36 | 19.804 | 291.59 | 0.005 87 |
| 5 | 2 426.96 | 1 967.99 | 18.911 | 265.56 | 0.005 67 |
| 10 | 2 428.75 | 1 882.90 | 22.475 | 247.36 | 0.004 53 |
| 15 | 2 434.08 | 1 870.02 | 23.173 | 231.66 | 0.004 44 |
| 20 | 2 451.08 | 2 282.94 | 6.860 | 217.94 | 0.003 98 |
| 25 | 2 460.51 | 1 879.01 | 23.633 | 206.31 | 0.003 93 |
| 30 | 2 472.45 | 1 887.56 | 23.656 | 196.01 | 0.003 77 |
| 35 | 2 523.91 | 2 193.99 | 13.072 | 187.36 | 0.003 62 |
| 40 | 2 532.36 | 1 891.33 | 25.314 | 181.77 | 0.003 06 |

本例中，当不考虑结构初始几何缺陷影响时，采用传统形态优化方法得到的结构形态具有较高的结构极限承载力，相比于初始结构增加了8.9%左右。但是，不可忽略的是，此时结构极限承载力受几何初始缺陷的影响也相应增加了，即结构缺陷敏感性在升高，相比于初始结构升高了27.8%左右。图 3-17 所示是结构分别在考虑和不考虑初始几何缺陷影响时的结构极限承载力变化，可以看到，当不考虑初始几何缺陷时，随着优化的进行，结构的极限承载力一直呈增大趋势，最终，优化结束时的结构形状具有最高的极限承载力。然而，施加初始几何缺陷后，结构的极限承载力明显减小，在优化的中间阶段出现了具有较高极限承载力的结构形态，而不是出现在优化的最后阶段。

在本例中，优化的第 20 步的结构形态在施加初始几何缺陷后仍具有较高的极限承载力。因此，可以得到一个初步结论：当采用传统形态优化方法时，由于在优化进程中没有考虑初始几何缺陷对结构极限承载力的影响，优化结束时虽然得到了具有较高极限承载力的结构形态，但是，在施加初始几何缺陷后，结构极限承载力会有一个明显的下降过程，导致最终结构实际极限承载力并不高。因此，用传统的形态优化方法找到的结构形态并不是最优结构形态。其原因是优化后期结构内部以轴向应变能为主，弯曲应变能较小，因此，结构对初始几何缺陷异常敏感，导致施加初始几何缺陷后的结构极限承载力大幅降低。为避免这种现象的发生，本节的解决方法是调整结构内部弯曲应变能比例，在保证极限承载力提高的同时，降低其缺陷敏感性。

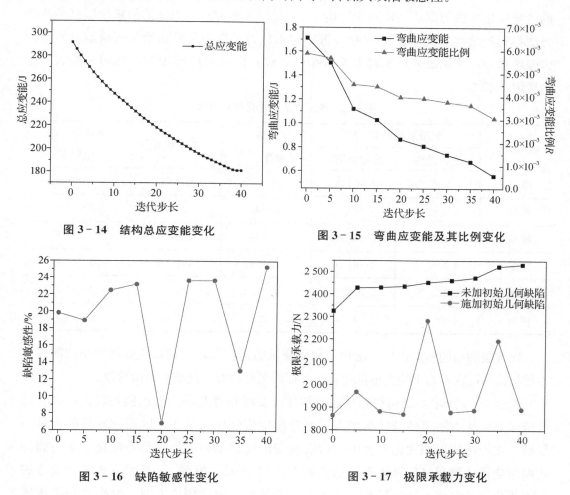

图 3 - 14　结构总应变能变化　　　　图 3 - 15　弯曲应变能及其比例变化

图 3 - 16　缺陷敏感性变化　　　　　图 3 - 17　极限承载力变化

（2）改进方法优化结果

通过上面的分析可以得到这样一个初步的结论，即若结构内部的弯曲应变能所占比例太小则会导致结构缺陷敏感性的升高，而较高的结构缺陷敏感性意味着在施加初始几何缺陷后，结构实际极限承载力会有较大幅度下降，从而影响以结构总应变能最小为目标的结构形态优化效率。那么，是否可以在保证结构内部弯曲应变能比例不至于太小的前提下，降低结构的总应变能，从而得到一种低缺陷敏感性的结构形式呢？基于此，本节提出了一种考虑结构缺陷敏感性的改进空间网格结构的形态优化方法。

改进后的形态优化方法通过 MATLAB 编程语言实现，以启发式遗传算法为优化算法，以结构内部节点的 $z$ 向坐标为设计变量，以结构弯曲应变能占结构总应变能的比例为约束条件。优化后，根据不同的约束条件得到五种不同的形状，如表 3-2 所示。其中，模型 1 是结构的初始几何形状，模型 2 是通过不考虑缺陷敏感性影响的传统优化方法得到的结构形状。模型 3～模型 6 是通过考虑缺陷敏感性影响的改进方法得到的结构形状。表 3-2 中完善结构承载力是指不考虑初始几何缺陷时的结构极限承载力；施加缺陷后承载力是指按照一致缺陷模态法施加初始几何缺陷后的结构极限承载力。

表 3-2　改进方法的优化结果对比

| 模型编号 | 极限承载力 $P_u$/N | | 缺陷敏感性 $\varphi$/% | 总应变能 $C$/J | 弯曲应变能比例 $R$ |
|---|---|---|---|---|---|
| | 完善结构 | 施加缺陷后 | | | |
| 模型 1 | 2 324.76 | 1 864.36 | 19.804 | 291.59 | 0.005 8 |
| 模型 2 | 2 516.46 | 1 999.36 | 20.549 | 184.03 | 0.004 9 |
| 模型 3 | 2 409.59 | 2 305.84 | 4.306 | 190.07 | 0.006 7 |
| 模型 4 | 2 256.45 | 2 281.37 | 1.104 | 199.98 | 0.011 2 |
| 模型 5 | 2 323.07 | 2 170.99 | 6.547 | 204.97 | 0.013 2 |
| 模型 6 | 1 932.09 | 1 857.48 | 3.862 | 206.11 | 0.016 1 |

在改进的结构形态优化方法中，我们要做的是在保证结构总应变能减小的前提下尽量提高结构内部弯曲应变能的比例，从而降低结构对几何缺陷的敏感性。

如表 3-2 所示，结构初始状态时其总应变能和弯曲应变能比例均较大，而通过传统形态优化方法得到的结构形态，其弯曲应变能比例最小，因而它对缺陷也最为敏感。在改进的形态优化方法中，弯曲应变能比例是根据传统形态优化方法得到的弯曲应变能比例通过试算法得到的。如表 3-2 所示，模型 3～模型 6 为通过改进的形态优化方法得到的结构形态。显然，当弯曲应变能比例增大时，结构的缺陷敏感性呈下降趋势，因此在施加初始几何缺陷后，结构的极限承载力下降程度也会越来越小。值得注意的是，随着结构弯曲应变能比例的增加，结构总应变能也出现了一定程度的增加。

因此，在模型 3～模型 6 中，完善结构的极限承载力相比于模型 2 更低。然而，在模型 3～模型 6 中，因为在优化进程中考虑了弯曲应变能的比例，降低了结构缺陷敏感性，所以模型 3～模型 5 的结构极限承载力在考虑初始几何缺陷后仍然要比模型 2 高，这说明了改进形态优化方法的有效性，可以得到更高的结构实际极限承载力和更低的缺陷敏感性。在模型 6 中，结构极限承载力在施加初始几何缺陷后依然较低，这主要是因为此时的弯曲应变能比例增加过多，导致结构总应变能较大，相应的其完善结构的极限承载力变得很低。因此，虽然此时结构缺陷敏感性很低，但在施加初始几何缺陷后，仍然不可能获得具有较高极限承载力的结构形式。研究表明，弯曲应变能比例的选择是非常重要的。然而，令人遗憾的是，目前只能依靠设计师的经验来确定这一数值。

图 3-18 所示为不同模型的极限承载力-位移曲线图。当不考虑初始几何缺陷时，采用传统形态优化方法得到的模型 2 具有更高的极限承载力，如图 3-18（a）所示。然而，一旦施加了初始几何缺陷后，模型 2 就不具有最高的极限承载力了。如图 3-18（b）所示，此时，模型 3 的结构形态，由于其缺陷敏感性较低，施加初始几何缺陷后，极限承载力下降较少，因而具有相对其他模型较高的实际极限承载力。

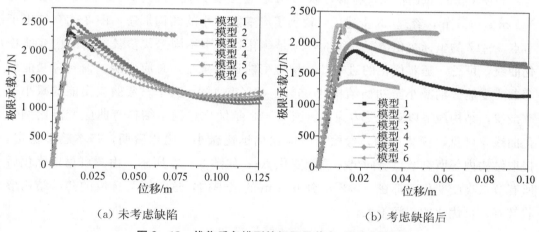

（a）未考虑缺陷　　　　　　　　　　（b）考虑缺陷后

**图 3-18　优化后各模型的极限承载力-位移曲线图**

### 3.5.5　自由曲面单层空间网格结构形态优化

本节选取跨度为 21 m 的一自由曲面三角形单层空间网格结构作为分析对象，其初始状态如图 3-19 所示，四边铰支，矢高为 2.5 m，杆件均采用 $\phi 70 \times 3$ 的 Q345 圆钢管，网格尺寸近似为 3 m×3 m，泊松比为 0.3，弹性模量为 $2.0 \times 10^5$ MPa。荷载为结构和屋面板自重以及 0.5 kN/m$^2$ 的均布活荷载，节点 9～17 和节点 77～85 的位置如图 3-19（a）所示。

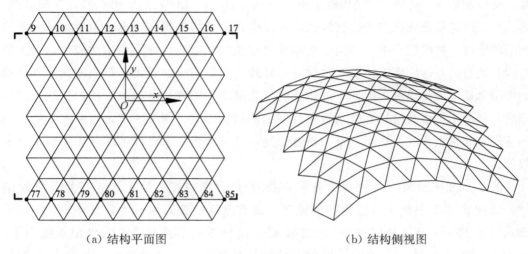

（a）结构平面图　　　　　　　　（b）结构侧视图

图 3-19　结构初始状态

（1）HyperWorks 优化结果

利用 Optistruct 优化求解器，以结构总应变能为优化目标，变量变化范围为
$-1 \text{ m} \leqslant z \leqslant 1 \text{ m}$，经过 33 步迭代，得到了应变能最小的结构形态，图 3-20 给出了
节点 9～17 的坐标变化情况。图 3-21 是优化过程中不同迭代步长结构的应变能变
化曲线，可见，随着优化的进行，结构应变能迅速减小，总应变能、轴向应变能和
弯曲应变能分别减小至初始结构的 39%、47% 和 1%，其中，弯曲应变能的减小速
率最快，结构最终以轴向受力为主。图 3-22 是优化过程中结构弯曲应变能比例变
化曲线，可见，优化前期，弯曲应变能比例迅速减小，优化后期，基本趋于稳定。
提取结构内部所有节点竖向坐标位置变化 $\Delta z$，如图 3-23 所示。由图可见，优化后
所有节点高度变化值都在 $-0.2 \text{ m}$ 到 $0.3 \text{ m}$ 的范围内，这是因为选取的初始结构形
状较好，可优化的空间不大。

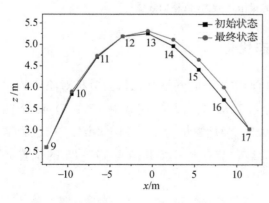

图 3-20　节点 9～17 优化前后坐标变化

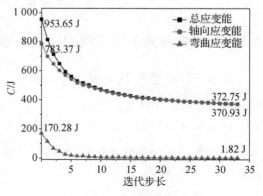

图 3-21　结构应变能变化曲线

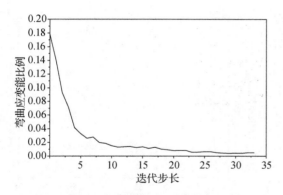

图 3-22　结构弯曲应变能比例变化曲线

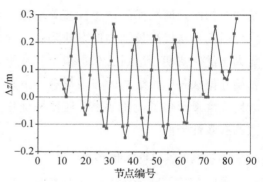

图 3-23　节点高度变化范围

考虑结构双重非线性，对 33 步优化迭代结果进行全过程分析，得到不同迭代步长时的极限承载力，如图 3-24 所示。虽然节点高度仅在较小的范围内波动，但其极限承载力却有明显提高，这也说明结构形态优化的重要性。结合表 3-3 可知，优化至第 33 步时终止，完善结构的极限承载力得到了较大提升，约是初始结构的 3 倍；同时，按照一致缺陷模态法，取一阶特征值屈曲模态作为相应的缺陷分布模式，施

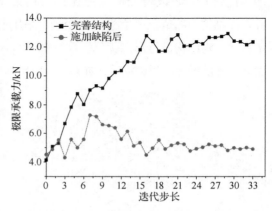

图 3-24　不同迭代步长时的极限承载力

加初始几何缺陷后（按跨度的 1/300 取值），结构极限承载力也有明显提高，但极限承载力最高的结构形态并不是总应变能最小的第 33 步，而是出现在优化第 7 步，其极限承载力是第 33 步的 1.49 倍，是初始结构的 1.6 倍。这说明以总应变能为目标的优化方法，优化终止时无法得到在施加初始几何缺陷后仍然拥有较高极限承载力的结构形态。

表 3-3　典型迭代步长结果数据对比

| 迭代步长 | 极限承载力 $P_u$/N | | 缺陷敏感性 $\varphi$/% | 总应变能 $C$/J | 轴向应变能 $C_1$/J | 弯曲应变能 $C_2$/J | 弯曲应变能比例 $R$ |
|---|---|---|---|---|---|---|---|
| | 完善结构 | 施加缺陷后 | | | | | |
| 0 | 4 140.69 | 4 520.6 | 9.17 | 953.65 | 783.37 | 170.28 | 0.179 |
| 2 | 5 300.22 | 5 522.7 | 4.19 | 712.96 | 646.48 | 66.47 | 0.093 |
| 7 | 9 024.34 | 7 287.01 | 19.25 | 515.30 | 500.99 | 14.30 | 0.028 |
| 8 | 9 314.41 | 7 191.03 | 22.79 | 501.60 | 491.66 | 9.94 | 0.02 |
| 18 | 11 714.2 | 5 517.05 | 52.91 | 413.38 | 409.19 | 4.18 | 0.01 |
| 29 | 12 928.5 | 4 799.91 | 62.87 | 379.17 | 377.67 | 1.49 | 0.004 |
| 33 | 12 356.7 | 4 897.75 | 60.36 | 372.75 | 370.92 | 1.82 | 0.005 |

图 3-25 是优化过程中结构缺陷敏感性的变化曲线。由图可知，随着优化的进行，

结构对初始几何缺陷的敏感性显著增强，在优化后期各迭代步长结构形态缺陷敏感性明显大于优化初期，达到了 60% 以上。在施加初始几何缺陷后，结构的极限承载力下降了 60%，严重影响了优化效果，使传统优化方法的有效性降低。

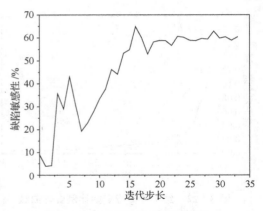

**图 3-25　缺陷敏感性变化曲线**

（2）MATLAB 优化结果

采用 MATLAB 编程语言，以结构总应变能为优化目标，以弯曲应变能比例为约束条件，以结构内部节点高度为优化变量，采用遗传算法，对结构进行形态优化。最终得到六种不同的结构形态，其与初始结构形态对比如图 3-26 所示，结果数据对比如表 3-4 所示，模型 1 是初始结构形态，图中用虚线表示。

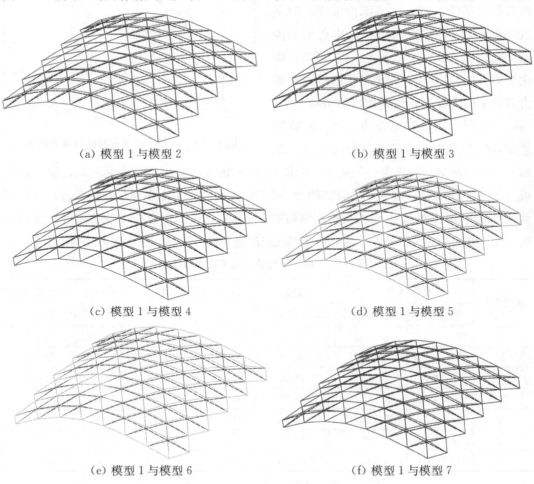

（a）模型 1 与模型 2　　　　　　　　（b）模型 1 与模型 3

（c）模型 1 与模型 4　　　　　　　　（d）模型 1 与模型 5

（e）模型 1 与模型 6　　　　　　　　（f）模型 1 与模型 7

**图 3-26　优化后的结构形态**

表3-4　考虑弯曲应变能比例约束后的优化结果

| 模型编号 | 极限承载力 $P_u$/N | | 缺陷敏感性 $\varphi$/% | 总应变能 C/J | 弯曲应变能比例 R |
|---|---|---|---|---|---|
| | 完善结构 | 施加缺陷后 | | | |
| 模型1 | 4 140.69 | 4 520.6 | 9.175 | 953.65 | 0.179 |
| 模型2 | 13 205.8 | 6 390.12 | 51.611 | 321.41 | 0.007 |
| 模型3 | 12 344.6 | 6 279.76 | 49.129 | 321.39 | 0.014 |
| 模型4 | 9 118.37 | 6 829.23 | 25.105 | 364.98 | 0.018 |
| 模型5 | 8 763.36 | 7 459.05 | 14.884 | 372.73 | 0.028 |
| 模型6 | 10 076.1 | 9 471.19 | 6.003 | 374.98 | 0.03 |
| 模型7 | 8 186.9 | 7 831.96 | 4.335 | 400.99 | 0.045 |

模型2是通过传统优化方法得到的结构形态，其完善结构极限承载力最高，但其缺陷敏感性达到了51.611%，说明由传统优化方法得到的结构形态对初始几何缺陷的影响异常敏感。模型3是将弯曲应变能比例扩大1倍，结构总应变能保持不变得到的结构形态，由优化结果可知，弯曲应变能比例扩大后，完善结构的极限承载力有所下降，缺陷敏感性降低，但其施加初始几何缺陷后极限承载力却低于模型2，这说明弯曲应变能比例值选取不合理。模型4是将弯曲应变能比例约扩大1.6倍，结构总应变能也相应放大得到的结构形态，由优化结果可知，优化后的结构形态，其完善结构的极限承载力再度下降，缺陷敏感性下降了51.4%，施加初始几何缺陷后结构极限承载力相比模型2增加了6.90%，这说明此比例关系下的结构形态要比模型2好。

模型5将弯曲应变能比例扩大了3倍，由于比例扩大，相应的结构总应变能也有所增大，增幅为16%。由优化结果分析发现，完善结构的极限承载力和缺陷敏感性继续减小，此时得到了比较理想的结构形态，施加初始几何缺陷后结构极限承载力相比模型2增加了16.7%。

随着结构总应变能和弯曲应变能比例的增加，模型6得到了更为优异的结构形态，施加初始几何缺陷后其极限承载力相对于模型2增加了48%，缺陷敏感性也有了明显降低，这与图3-27中所得结论一致，说明本章提出的优化方法的高效性和可行性。

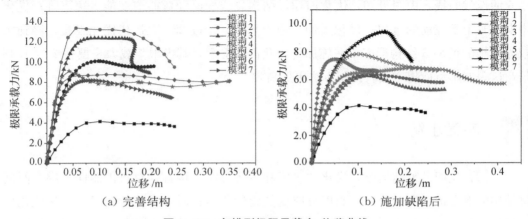

(a) 完善结构　　　　　　　(b) 施加缺陷后

图3-27　各模型极限承载力-位移曲线

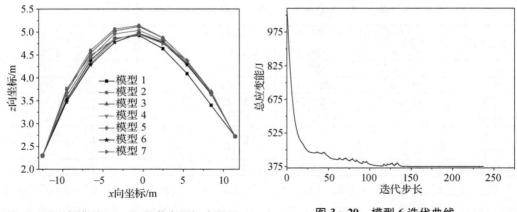

图 3-28　各模型 77～85 号节点坐标变化图　　图 3-29　模型 6 迭代曲线

当继续增大弯曲应变能比例时，由于总应变能也会增大，导致结构极限承载力有所下降，没有得到更为优秀的结构形态。针对该算例，较为适合的弯曲应变能比例为 0.03，此时，结构总应变能为 374.98 J。由表 3-4 可知，总应变能减小，完善结构的极限承载力呈增大趋势；弯曲应变能比例增大，结构缺陷敏感性呈减小趋势。

各模型完善结构和施加初始几何缺陷后的极限承载力-位移曲线如图 3-27 所示。由图可知，若不考虑初始几何缺陷，优化后各模型极限承载力相比初始模型 1 有较大提高，模型 2 的极限承载力最高；而考虑初始几何缺陷后，如图 3-27（b）所示，各模型极限承载力相比初始模型 1 亦有大幅增加，但此时模型 2 的极限承载力并不是最高的，而是弯曲应变能比例为 3％时的模型 6 最高，说明所提出的优化方法有效。

图 3-28 给出了各模型 77～85 号节点的坐标变化，由图可知，各模型相对于初始模型都有一定的向上拱起，这是由于减小结构应变能所带来的结构形态改变，逐渐拱起使结构以受轴向力为主；而模型 6 的左侧更接近初始模型，只在右侧拱起比较明显，这是因为限制了弯曲应变能的比例，相应地使结构拱起的幅度受到约束。图 3-29 是模型 6 的迭代曲线，由图可知，优化前期，结构总应变能和弯曲应变能迅速下降；优化中期，有上下波动的迹象；优化后期，趋于平稳，经过 237 次迭代优化终止，得到了较为理想的模型 6 结构形态，在施加初始几何缺陷后，其极限承载力是模型 2 的 1.48 倍，这表明本章所提方法较传统方法更加高效。

## 3.6　本章小结

本章首先回顾了结构形态优化的发展和主要分类，接着针对自由曲面单层空间网格结构的形态优化展开研究，当以总应变能为优化目标时，采用传统优化方法优化后的结构以轴向应变能为主而弯曲应变能极小，结构极限承载力较强；但在考虑初始几何缺陷影响后，其极限承载力会大幅下降，结构对初始几何缺陷较为敏感，经过形态优化后的结构，其实际极限承载力并不高，针对这一现象，提出将结构弯曲应变能比例作为约束条件的单层网格结构形态优化方法。通过控制优化终止时结构内部弯曲应变能比例，调节结构总应变能和弯曲应变能的关系，降低优化后结构对初始几何缺陷的敏感性，得到在考虑初始几何缺陷后仍具有较高极限承载力的结构形态。

# 参考文献

[1] 沈世钊，武岳．结构形态学与现代空间结构 [J]．建筑结构学报，2014，35（4）：1-10.

[2] 李欣．自由曲面结构的形态学研究 [D]．哈尔滨：哈尔滨工业大学，2011.

[3] 张旭东．自由曲面单层刚性结构网格划分优化与工程应用 [D]．重庆：重庆大学，2015.

[4] 李洪涛．单层球面网壳结构的稳定分析 [D]．哈尔滨：哈尔滨工程大学，2007.

[5] 姜宝石．杆系结构形态创构方法研究 [D]．哈尔滨：哈尔滨工业大学，2013.

[6] 斋藤公男．空间结构的发展与展望：空间结构设计的过去·现在·未来 [M]．季小莲，徐华，译．北京：中国建筑工业出版社，2006.

[7] Motro R. An anthology of structural morphology [J]．International Journal of Space Structures，2010，25（1）：70.

[8] Mungan I，Bagnéris M. Book review：fifty years of progress for shell and spatial structures [J]．International Journal of Space Structures，2012，27（2/3）：185-188.

[9] 武岳，李清朋．逆吊实验法及其在结构形态创建中的应用 [C] //中国土木工程学会桥梁及结构工程分会空间结构委员会．第十四届空间结构学术会议论文集．2012：510-515.

[10] Motro R. Antonio Gaudi：a pioneer in structural morphology [C] // International Conference on Adaptable Building Structures. 2006：13-14.

[11] Burry M，Armengol J B，Tomlow J，et al. Gaudí unseen：completing the Sagrada Família [M]．Berlin：JOVIS，2007.

[12] Motro R，Bagneris M. Structural morphology and free form design [C] //Proceedings of IASS 2007 Symposium. 2007.

[13] Wester T. Structural patterns in nature-part II [C] //Proceedings of IASS 2004 Symposium. 2004.

[14] Isler H. Generating shell shapes by physical experiments [J]．Journal International Association for Shell and Spatial Structures，1993，34：53-63.

［15］Chilton J. Heinz Isler's infinite spectrum of new shapes for shells ［C］//Proceeding of IASS 2009，2009. 51 - 62.

［16］Ramm E. Heinz Isler shells—the priority of form ［J］. Journal of the International Association for Shell and Spatial Structures，2011，52（169）：143 - 154.

［17］Internation Association for Shell Structures. Bulletin of the International Association for Shell Structures ［Z］. 1959.

［18］Isler H. New shapes for shells-twenty years after ［J］. Journal of the International Association for Shell and Spatial Structures，1980，72（3）：9 - 26.

［19］Isler H. Generating shell shapes by physical experiments ［J］. Journal of the International Association for Shell and Spatial Structures，1993，34：53 - 63.

［20］Chilton J. An engineer's contribution to contemporary architecture—Heinz Lsler ［M］. London：Thomas Telford Ltd，2000.

［21］Mohapatra D. Design by making ［D］. Nottingham：The University of Nottingham，2011.

［22］Abel J，Oliva J G. Centenary of the birth of flex candela：preface ［J］. Journal of the International Association for Shell and Spatial Structures，2010，51（1）：3 - 4.

［23］Thrall A P，Garlock M E M. Analysis of the design concept for the Iglesia de la virgen de la Medalla Milagrosa ［J］. Journal of the International Association for Shell and Spatial Structures，2010，51：27 - 34.

［24］Ruiz-Funes J. Two Candela masterpieces at Bacardí-Mexico Bottling Plant ［J］. Journal of the International Association for Shell and Spatial Structures，2010，51（1）：35 - 45.

［25］Basterra L A. The behaviour of the umbrella as a recurring theme in felix candela's work ［J］. Journal of the International Association for Shell and Spatial Structures，2010，51（1）：47 - 57.

［26］Cassinello P，Torroja J A. Felix Candela：his vocational training at the university and his subsequent relationship with the institute founded by Eduardo Torroja ［J］. Journal of the International Association for Shell and Spatial Structures，2010，51（1）：87 - 96.

［27］Billington D P，Garlock M M. Thin shell concrete structures：the master builders ［J］. Journal of the International Association for Shell and Spatial Structures，2004，45（3）：147 - 155.

［28］Otto F，Trostel R，Schleyer F K. Tensile structures：design，structure，and calculation of buildings of cables，nets，and membranes ［M］.Cambridge，MA：The MIT Press，1973.

［29］奈丁格. 轻型建筑与自然设计：弗雷·奥托作品全集 ［M］. 柳美玉，杨璐，译. 北京：中国建筑工业出版社，2010.

[30] 于庆祥. FAST 反射面支承张拉结构优化设计及张拉整体体系找形研究 [D]. 上海：同济大学，2003.

[31] 古娟妮，王海涛，韩大建. 膜结构的动力松弛法与 ANSYS 找形分析 [C] //第十三届全国工程建设计算机应用学术会议论文集. 2006：190 - 196.

[32] 宋雄彬，韩大建. 动力松弛法在膜结构找形分析中的应用 [J]. 广州建筑，2006，34（4）：4 - 8.

[33] Banres M R. Dynamic relaxation analysis of tension networks [C] //Proceedings of the International Conference Tension Structure. 1974：45 - 56.

[34] Barnes M R. Computer aided design of the shade membrane roofs for EXPO 88 [J]. Structural Engineering/Earthquake Engineering，1988（1）：3 - 13.

[35] Lewis W J，Jones M S，Rushton K R. Dynamic relaxation analysis of the nonlinear static response of pretensioned cable roofs [J]. Computers & Structures，1984，18（6）：989 - 997.

[36] 张志宏，董石麟. 空间结构分析中动力松弛法若干问题的探讨 [J]. 建筑结构学报，2002，23（6）：79 - 84.

[37] 张沛，冯健. 约束优化理论和动力松弛技术在张拉整体结构找形分析中的联合应用 [J]. 土木工程学报，2015，23（7）：82 - 92.

[38] Ding C，Seifi H，Dong S L，et al. A new node-shifting method for shape optimization of reticulated spatial structures [J]. Engineering Structures，2017，152：727 - 735.

[39] Schek H J. The force density method for form finding and computation of general networks [J]. Computer Methods in Applied Mechanics and Engineering，1974，3（1）：115 - 134.

[40] Gründig L，Bahndorf J. The design of wide-span roof structures using micro-computers [J]. Computers & Structures，1988，30（3）：495 - 501.

[41] Argyris J H，Angelopoulos T，Bichat B. A general method for the shape finding of lightweight tension structures [J]. Computer Methods in Applied Mechanics and Engineering，1974，3（1）：135 - 149.

[42] Zhang J Y，Ohsaki M. Adaptive force density method for form-finding problem of tensegrity structures [J]. International Journal of Solids and Structures，2006，43（18/19）：5658 - 5673.

[43] 田伟. 刚性单层网壳结构找形与稳定研究 [D]. 杭州：浙江大学，2011.

[44] 半谷裕彦，川口健一. 形态解析：一般逆矩阵原理的应用 [M]. 东京：培风馆株式会社，1991.

[45] 半谷裕彦，川口健一. 形态解析：广义逆矩阵及其应用 [M]. 关福玲，吴明儿，译. 北京：知识产权出版社，2014.

[46] Hangai Y, Kawaguchi K. Analysis for shape-finding process of unstable link structures [J]. Journal of the International Association for Shell and Spatial structures, 1989, 30 (2): 116 – 127.

[47] Vizotto Z. Computational generation of free-form shells in architectural design and civil engineering [J]. Automation in Construction, 2010, 19 (2): 1087 – 1105.

[48] Vizotto I. A computational model of non-geometrical shells generation [J]. Thin-Walled Structures, 2009, 47 (2): 163 – 171.

[49] 武岳, 李清朋, 沈世钊. 基于逆吊实验原理的空间结构形态数值创建方法 [J]. 建筑结构学报, 2014, 35 (4): 41 – 48.

[50] Fraschini M, Prete M L, Laurino N. Advanced architectural implementing structural logics into a design process for large scale lightweight coverings [J]. Journal of the International Association for Shell and Spatial Structures, 2010, 51 (2): 137 – 146.

[51] 孟宪川, 赵辰. 建筑与结构的图形化共识: 图解静力学引介 [J]. 建筑师, 2011 (5): 11 – 22.

[52] 孟宪川. 图解静力学的塑形法初探: 关于形与力的生成关系研究 [D]. 南京: 南京大学, 2014.

[53] 孟宪川, 赵辰. 图解静力学简史 [J]. 建筑师, 2012 (6): 33 – 40.

[54] 谢方洁. 基于图解静力学的各建筑结构类型图析建立尝试 [D]. 南京: 南京大学, 2012.

[55] 铁木辛柯, 杨. 结构理论 [M]. 叶红玲, 杨庆生, 等译. 北京: 机械工业出版社, 2005.

[56] 曾浩杰. 图解静力学在建筑形态创作中的应用研究 [D]. 成都: 西南交通大学, 2019.

[57] Block P, Ochsendorf J. Thrust network analysis: a new methodology for three-dimensional equilibrium [J]. Journal of the International Association for Shell and Spatial Structures, 2007, 48 (3): 167 – 173.

[58] Block P. Equilibrium systems studies in masonry structure [D]. Cambridge: Massachusetts Institute of Technology, 2005.

[59] Block P. Thrust network analysis [D]. Cambridge: Massachusetts Institute of Technology, 2009.

[60] Rippmann M. Funicular shell design: geometric approaches to form finding and fabrication of discrete funicular structures [D]. Switzerland: ETH Zürich, 2016.

[61] Block P, Mele T V, Rippmann M, et al. Exploring form and forces: graphic statics in the digital age [J]. Architectural Journal, 2017 (11): 11 – 19.

# 第四章

# 结构网格优化设计

## 4.1　曲面结构网格划分研究现状

古罗马工程师维特鲁威（Vitruvius）在《建筑十书》里主张一切建筑物都要考虑实用、坚固、美观三要素，我国建设部于 1986 年制定的《中国建筑技术政策》中也提出了"适用、安全、经济、美观"的建设方针，它们都提到了结构美观的概念。随着社会经济的蓬勃发展和人们审美水平的不断提高，结构美学、结构建筑学、建筑与结构一体化设计等新概念不断被提出并深受重视，人们对于建筑美的要求也越来越高。对于像自由曲面空间网格结构这类公共建筑来说，形态优化可得到优美的曲面形态，但是在得到曲面形态后，如何快速有效地在曲面上生成美观合理的结构化网格一直是空间网格结构领域研究的热点和难题。

网格划分技术源于有限元领域，研究也较为深入，是建立有限元模型的关键环节。经过几十年的发展，有限元网格划分技术日臻成熟，涌现出了许多适应性较强的网格划分方法。然而建筑网格不同于有限元网格，有限元网格关注的是数值计算结果的精准性和高效性，而建筑网格更侧重于网格品质高低，比如网格的均匀性与流畅性，是否符合建筑美学要求等，因而在有限元领域适用的网格划分方法在建筑领域却无法适用。因此，许多结构工程师和优秀的工程人员汲取有限元网格划分思想并结合建筑工程特点，探索并开发了一些适用于建筑曲面的网格划分方式。

一般地，可将自由曲面的网格划分方法大致分为两类：一类是以传统映射法原理为基础，先进行平面网格划分，然后再映射到空间曲面，并结合相应算法改善映射网格品质的间接网格划分法；另一类则是直接以建筑曲面为操作对象，通过不同的优化算法进行曲面网格生成的直接网格划分法。

### 4.1.1　间接网格生成技术

映射法是目前在自由曲面空间网格结构中应用最广泛的网格生成方法，它是一种代数方法，原理简单，容易实现，具有效率高、网格可控性强等优点。映射法通常首先将空间曲面映射到平面域，然后在平面域上利用平面网格生成方法获得平面网格，最后再将得到的平面网格反向映射回原始空间曲面。该方法的关键是建立良好的映射关系，否则会导致最终生成的曲面网格品质不高。基于映射法的网格生成方法中，常用的三种映射函数形式有：保角映射（conformal mapping）、基于偏微分方程法（PDE-based）和代数插值法（algebraic interpolation）[1-2]。

一般地，采用映射法划分的自由曲面网格，由于方法的天然缺陷一般都会有映射畸变的产生，尤其是复杂曲面。因此，在对自由曲面进行网格生成设计时，设计师往往不会单独使用映射法，而是结合其他方法对映射法进行改进和完善。为了改善映射关系，得到更高品质的空间曲面网格，学者们提出了多种途径，比如通过对曲面重新参数化来弱化映射的非线性对网格质量的影响，结合其他方法改进参数平面的网格划分或者建立映射度量机制等。

利用映射原理并结合其他算法完成的空间自由曲面的网格划分，其基本思路在本质上都是一样的，都是先通过不同的算法生成参数域平面网格，然后再进行映射。为减少映射畸变，基本有两种方式，或是根据一定原则改变参数域平面内网格大小与分布模式，或是引入不同技术准则改善映射关系。由于映射法的天然缺陷，当对网格品质要求较高时，或者是对于较复杂的自由曲面或多重曲面，虽然考虑了多种改善映射畸变的策略，但基于映射法的诸多衍生算法的适用范围和效果还是有一定限制。

## 4.1.2 直接网格生成技术

直接网格生成技术，顾名思义即是直接对建筑空间自由曲面进行网格生成操作，脱离映射关系的束缚，可直接摆脱映射变形带来的不良影响，得到更高品质的网格。直接针对空间自由曲面的网格划分技术可大致归纳为以下几种方法：曲面细分法、罗盘法、物理类比法（比如气泡堆积法）、曲面应力线法等。

曲面细分法在自由曲面的网格生成设计中应用较为广泛。一般地，曲面细分是指按照一定的细分规则对已有的多边形网格（多为四边形和三角形）以曲面迭代的方式进行加密，使网格逐渐收敛于某一极限曲面或者达到预期要求，得到光滑、密致的网格曲面，这个网格曲面即为细分曲面，其边界称为细分网格[3-4]。根据不同的曲面细分模式，可得到不同的细分曲面和网格。细分模式的种类繁多，其中最富代表性的曲面细分模式有：Catmull-Clark 模式、Loop 模式、Doo-Sabin 模式、4-k 模式和 $\sqrt{3}$ 模式等。

细分思想最早可追溯到 20 世纪 50 年代 Rham 提出的"砍角算法"。70 年代时，柴金将离散细分思想引入图形学领域，卡特姆和克拉克以及杜和萨宾等人对其进行了研究，提出了图形学界推崇的 Catmull-Clark 算法[5] 和 Doo-Sabin 算法[6]，这也是如今公认的细分法的真正发端。如图 4-1 (a) 所示，Catmull-Clark 细分模式被认为是一个针对四边形网格的细分法则。1987 年，美国学者 Loop 率先提出了 Loop 细分模式[7]。如图 4-1 (b) 所示，这是一种三角形网格的细分法则，按照 1/4 三角形分裂，会在每条边上产生一个新点，原来节点的坐标也会改变。

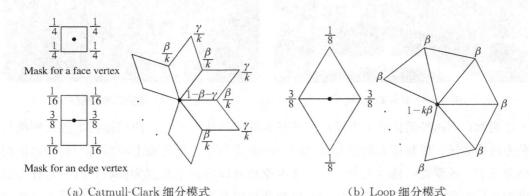

(a) Catmull-Clark 细分模式　　　　　　(b) Loop 细分模式

图 4-1　经典细分策略

曲面细分法可以生成三角形、四边形、六边形或者更加复杂的曲面网格，在实际工程中得到了广泛应用。例如如图 4-2 所示的上海世博会阳光谷，设计师首先将曲面划分成多个区域较大的三角形网格，然后逐步细分得到较小的均匀三角形网格[8-9]。美国发明家富勒早在 1967 年就提出了著名的短程线穹顶建模方式，整个穹顶由正二十面体不断细分而来，其基本思想与 Loop 细分法如出一辙，可以说富勒球也是细分法的一种起源。Shepherd 和 Richens 通过一个自由曲面空间结构的算例验证了曲面细分法在自由曲面建筑网格生成上的有效性[10]。著名的阿布扎比亚斯岛玛丽娜酒店屋顶的网格结构也是工程师根据细分法原理生成的[11]，只不过所生成的细小网格为平面四边形网格。此外，法兰克福采尔商业中心（图 4-3）的屋顶网格设计和大英博物馆庭院（图 4-4）的屋顶设计也都是根据曲面细分原理生成的[12-13]。

图 4-2　阳光谷网格生成过程

图 4-3　采尔商业中心　　　　　　　　　　图 4-4　大英博物馆庭院

当然，国内外的优秀工程师们还进行了许多其他针对自由曲面结构的建筑网格划分方法的尝试。巴黎东大学的 Lina 和 Lefevre 等为在自由曲面上获得均匀的四边形网格开发了一种罗盘网格生成方法，其基本原理是以曲面上某点为圆心，以一定杆件长度为半径在曲面上作圆，求取该圆与已知曲线以及所给出曲面的交点，然后再以此交点继续画球，不断循环[14-15]。这种网格生成技术称为罗盘法，罗盘法可以生成杆件长度完全相等的曲面四边形网格，但其缺点是边界处网格参差不齐，会出现较小杆件，影响网格品质，需要额外处理。

Shimada 等将参数化曲面的网格划分类比为紧密堆积的气泡寻找平衡位置，提出了气泡堆积法[16-18]。首先，在平面上布置一定数量的点，以这些点为气泡中心生成气泡，并建立气泡运动系统，通过求解气泡的平衡位置得到节点的最佳分布模式；然后，采用 Delaunay 三角剖分算法得到网格拓扑，并结合映射技术得到空间曲面网格。王奇胜等借鉴气泡生成方法，直接在空间曲面上生成气泡，求解气泡在曲面上运动的平衡状态从而完成曲面网格划分，避免了映射畸变，这种方法称为空间气泡法[19-20]。与之类似，Pottmann 等总结了以四边形、六边形等多边形为单元构成的建筑结构的研究进展，为了使建筑和设计中的自由曲面合理化，基于曲面上球与球的相切关系提出了适用于空间曲面的 CP-mesh 法（circle packing mesh），这种方法亦可生成无扭转节点，在幕墙结构中得到了广泛应用[21-22]。

## 4.2　粒子自动配置算法

本节基于物理学中的库仑定律提出一种新的自由曲面网格自动生成方法，称为粒子自动配置算法。该算法将空间结构的节点比作电场中的带电粒子，根据库仑定律中同名电荷相斥，异名电荷相吸的原理，利用电荷间的相互作用实现自由曲面节点的自我组织，并确定其相对位置，然后利用空间 Delaunay 三角剖分算法得到三角形网格拓扑构型，完成曲面网格划分。

　　根据粒子运动空间的不同，该算法又可分为间接法和直接法。间接法是指粒子的运动空间为曲面参数域，在得到参数域上较为合理的网格布置后再将其映射回空间物理域，同时，引入虚拟曲率的概念对网格进行微调，完成空间曲面的网格生成，可在一定程度上减小映射畸变误差，提高网格品质；直接法是指粒子运动空间为物理域，直接对空间曲面进行网格划分，无须映射过程，该种方法可彻底克服映射畸变带来的网格误差，是一种脱离了映射关系限制的网格生成方法，适用范围更广。本章通过多个自由曲面网格划分算例验证了该方法的有效性。

## 4.2.1　库仑定律

　　粒子自动配置算法是基于物理学中的库仑定律开发的，库仑定律阐明了带电粒子间相互作用的规律，是由法国科学家库仑于 1785 年根据实验得出的，并通过扭秤实验进行了验证，如图 4-5 所示。他认为真空中两个相对静止的点电荷之间的相互作用力同它们的电荷量的乘积成正比，与它们的距离的二次方成反比，作用力的方向在它们的连线上，且同种电荷相斥，异种电荷相吸，两电荷间距离越远，库仑力越小，其示意图如图 4-6 所示。

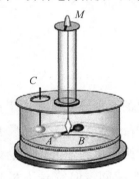
图 4-5　扭秤实验装置

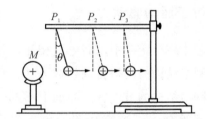
图 4-6　库仑定律示意图

　　对于真空中两个不同的相对静止点电荷而言，它们之间的库仑力可表示为

$$F = k\frac{q_i q_j}{r^2} \tag{4-1}$$

　　式中，$q_i$，$q_j$ 为相对静止点电荷 $i$，$j$ 所带电量，当两个点电荷同性时其乘积为正，两个点电荷相互排斥；当两个点电荷异性时其乘积为负，两个点电荷相互吸引。$r$ 为两个点电荷间的距离；$k$ 为比例因子，由式（4-2）确定：

$$k = \frac{1}{4\pi\varepsilon_0} \tag{4-2}$$

　　式中，$\varepsilon_0$ 为真空中介电常数，由实验测得，其大小为 $\varepsilon_0 = 8.85\times10^{-12}$ F/m，因此比例因子 $k$ 也是一个常数。

### 4.2.2 电场强度

相对静止的两点电荷之间具有相互作用力，这可以用库仑定律来表达。同时，电场中的每个点电荷在它周围还会形成一个电场，距离该点电荷不同位置处会有不同的电场强度，用来表示电场的强弱和方向。产生电场强度的点电荷 $i$ 称为源电荷，假设在距离源电荷一定距离的某处有一试探电荷 $j$，则该试探电荷（正电荷）在其位置处受到的库仑力与其所带电荷量的比值是一个与试探电荷无关的量，即为该点的电场强度，用 $E$ 来表示，如式（4-3）所示。

$$E = \frac{F}{q_j} = k \frac{q_i}{r^2} \qquad (4-3)$$

式中，$F$ 为库仑力，$q_j$ 是放入该电场的某试探电荷带电量，$q_i$ 是产生电场强度强的源电荷带电量。这是电场强度的定义式，反映的是电场本身的性质，其大小与试探电荷所带电量大小无关。

## 4.3 算法运行机制

### 4.3.1 粒子运动驱动力

本章基于库仑定律中同名电荷相斥，异名电荷相吸的原理开发了适用于自由曲面单层空间网格结构的网格自动生成方法，称为粒子自动配置算法。该算法将自由曲面单层空间网格结构的节点看作曲面上不同的带电粒子，则带电粒子间的库仑力是迫使粒子运动的驱动力。该算法假设每个带电粒子带电量相同，但符号不尽相同，即 $|q_1| = |q_2|$，此时，库仑力的大小可表示为

$$F = k \frac{Q_1}{r^2} \qquad (4-4)$$

式中，$Q_1 = |q_1 q_1|$，$r$ 为两粒子间的距离。因此，在自由曲面单层空间网格结构中，所有粒子间的 $Q_1$ 值均相同。又因为比例因子 $k$ 为常数，所以此时不同粒子间库仑力的大小仅与两点间的欧氏距离有关。因此，在自由曲面单层空间网格结构中，两不同节点间库仑力的大小可简写为

$$F = \frac{1}{(x_2 - x_1)^2 + (y_2 - y_1)^2 + (z_2 - z_1)^2} \qquad (4-5)$$

式中，$x_i$，$y_i$，$z_i$ 为节点 $i$ 在笛卡儿坐标系中的三维坐标。

### 4.3.2　等效电场强度

在粒子自动配置算法中忽略电场强度的方向，只关注其大小。如图 4-7 所示，点 $i$ 为源电荷，带电量为 $Q$，在距离源电荷 $r_{ij}$ 的某试探电荷 $j$ 处产生的电场强度可表示为

$$E_{ij} = k\frac{Q}{r_{ij}^2} \tag{4-6}$$

为降低运算的复杂程度，在粒子自动配置算法中定义一个粒子最多与其周围最近的 6 个粒子存在粒子间相互作用，与其余粒子的相互作用忽略不计。类比电场强度叠加原理，定义粒子 $j$ 处的等效电场强度为与其距离最近的 6 个粒子在该处产生的电场强度之和，如图 4-8 所示。值得注意的是，本章中某点处的等效电场强度不是各个点电荷单独存在时在该点产生的电场强度的矢量和，而仅仅是简单的代数和。

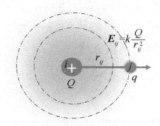

**图 4-7　电场强度示意图**

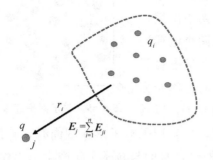

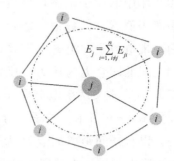

（a）电场中电场强度的叠加　　　　（b）网格结构节点 $j$ 处的等效电场强度

**图 4-8　等效电场强度计算**

如图 4-8（a）所示，电场中带电粒子 $j$ 处所受库仑力可表示为

$$F_j = \sum_{i=1}^{n} F_i \tag{4-7}$$

根据叠加原理，电场强度可表示为

$$E_j = \frac{F_j}{q} = \frac{\sum_{i=1}^{n} F_i}{q} \sum_{i=1}^{n} \frac{F_i}{q} \qquad (4-8)$$

整理后可得到

$$E_j = \sum_{i=1}^{n} E_{ji} \text{ 或 } E_j = \sum_{i=1}^{n} \frac{1}{4\pi\varepsilon_0} \frac{q_i}{r_i^2} r_i \qquad (4-9)$$

式中，$q$ 为试探电荷 $j$ 所带电量，$q_i$ 为源电荷 $i$ 所带电量，$r_i$ 为源电荷与试探电荷间的距离，$n$ 为试探电荷的数量。

本算法不考虑库仑力以及电场强度的方向，仅关注其大小，如图 4-8（b）所示，在空间网格结构中，节点 $j$ 处等效电场强度可表示为

$$E_j = \sum_{i=1, \ i\neq j}^{n} E_{ji} \qquad (4-10)$$

式中，$n$ 为粒子 $j$ 周围的粒子数量，$E_{ji}$ 为在粒子 $j$ 周围的 $n$ 个 $i$ 粒子在粒子 $j$ 处产生的电场强度。通过不断调整粒子的位置得到满足收敛容差的等效电场强度则终止迭代，此时的粒子位置即为网格中节点的最佳位置，利用空间 Delaunay 三角剖分算法将其连接即可得到曲面上较为均匀的网格布置。

### 4.3.3 粒子坐标的更新

在库仑定律中，当两个点电荷同性时，库仑力为斥力，异性时库仑力为引力，力的方向在两点连线的直线上。为确定发生相互作用的粒子范围，在粒子自动配置算法中引入粒子间距离阈值 $R$，其数值等于目标杆长，大小由用户指定。当两个带电粒子的距离小于 $R$ 时，定义两个电荷同性，则它们之间的库仑力为斥力；反之，当两个带电粒子的距离大于 $R$ 时，定义两个电荷异性，它们之间的库仑力则为引力。如图 4-9 所示，粒子 $i$ 为当前活动粒子，以其

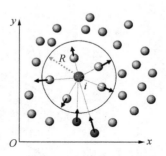

**图 4-9 粒子间相互作用**

坐标为圆心，以粒子间距离阈值 $R$ 为半径作圆。当其周围粒子落在圆内时，它们与粒子 $i$ 间产生斥力作用；当其周围粒子落在圆外时，它们与粒子 $i$ 间产生引力作用，力的方向依然保持在两点连线上。

利用蒙特卡罗方法更新粒子坐标，图 4-10 所示为粒子坐标更新示意图。图中 $A$、$B$ 为初始粒子位置，$D$ 为更新后粒子位置，$\eta$ 为移动调节系数，其大小根据经验选取，本章算例中取为 0.5。$L$ 为两粒子间的实际欧氏距离，$R$ 为粒子间距离阈值。当两粒子间实际欧氏距离大于目标杆长时如图 4-10（a）所示，粒子间的作用力为相互吸引力，$B$ 点向接近 $A$ 点方向移动，其搜索区间为 $CB$；当两粒子间实际欧氏距离小于目标杆长

时如图 4-10（b）所示，粒子间的作用力为排斥力，$B$ 点向远离 $A$ 点方向移动，其搜索区间为 $BC$，移动步长我们利用 Monte Carlo 方法确定。移动后 $D$ 点坐标根据式（4-11）确定。

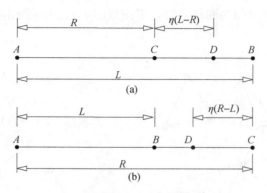

图 4-10 粒子坐标更新示意图

$$x_{D,i} = x_{B,i} + \lambda d \qquad (4-11)$$

式中，$x_{D,i}$ 为更新后 $D$ 点坐标，$x_{B,i}$ 为当前 $B$ 点坐标，$\lambda$ 为迭代步长，$d$ 为搜索方向。算法中粒子坐标的更新流程图如图 4-11 所示。

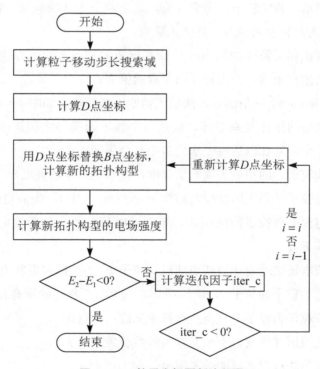

图 4-11 粒子坐标更新流程图

### 4.3.4 算法实现过程

本章提出粒子自动配置算法是为了快速有效地对自由曲面进行网格划分，得到形状规则、网格大小较为均匀的网格布置，下面以图 4-12 中所示网格详细介绍粒子自动配置算法的迭代流程。

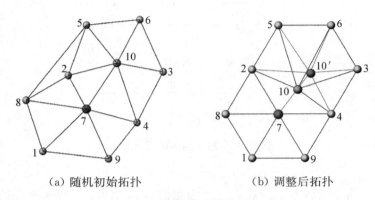

(a) 随机初始拓扑  (b) 调整后拓扑

**图 4-12  粒子位置更新简单示例**

如图 4-12 所示，假定粒子 7 为源电荷，其余粒子为试探电荷，粒子 10 为当前运动电荷，粒子 $10'$ 为其移动后位置，具体步骤为：

①根据曲面面积和所需要的期望杆长计算出所需节点数量，在空间曲面上生成相应随机点并提取其坐标矩阵，给出粒子间距离阈值 $R$；

②利用空间 Delaunay 三角剖分算法形成初始网格拓扑，如图 4-12 (a) 所示；

③计算初始网格的拓扑关系矩阵，包括每个粒子周围与之相连的粒子数量、编号及粒子间距，这三个矩阵在以后每一迭代步中都会更新；

④计算源电荷粒子 7 的初始等效电场强度，存入初始电场强度矩阵 $E_1$；

⑤寻找源电荷粒子 7 周围的试探电荷粒子 10/2/8/1/9/4，先从当前运动粒子 10 开始搜索，计算其与源电荷粒子间的距离，更新源电荷粒子 7 的等效电场强度，存入更新的电场强度矩阵 $E_2$；

⑥根据源电荷电场强度变化更新当前运动粒子 10 的坐标并更新坐标矩阵；

⑦变换当前运动粒子为粒子 2，继续循环，直至与 7 相连的所有粒子调整完毕；

⑧更新源电荷粒子为粒子 8 直至所有粒子完成一次遍历；

⑨进入下一次遍历并重复以上步骤直至满足收敛条件。

粒子自动配置算法流程如图 4-13 所示。

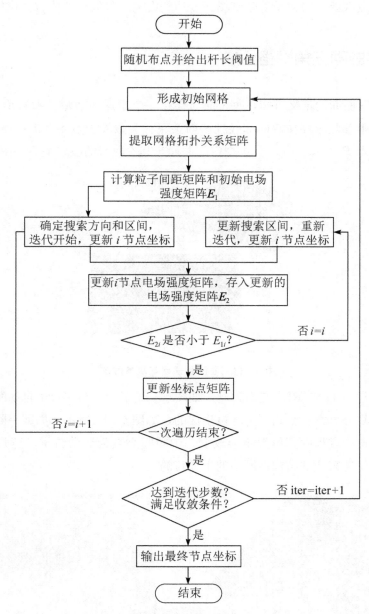

图 4 - 13 粒子自动配置算法流程图

## 4.3.5 收敛准则

• 最大迭代步数：当迭代达到用户设定的最大迭代步数 iter _ max 时优化停止；

• 最大停留步数：如果优化结果在用户给定的最大停留步数 iter _ stop 内还没有明显改善，那么优化停止；

• 最小收敛误差：当粒子等效电场强度达到设定的收敛误差值时优化停止。

## 4.4　自由曲面三角网格生成

由 NURBS 曲面的定义可知，每个曲面存在一个矩形参数域，参数值为 $u$，$v$，三维空间域和二维参数域存在双向非线性映射关系。参数域中点 $S$（$u$，$v$）对应了三维欧氏空间中的点 $P$（$x$，$y$，$z$）。一个空间曲面与其参数域的映射关系如图 4-14 所示。

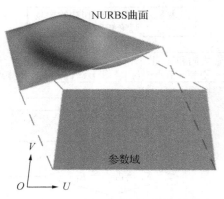

图 4-14　曲面物理域与其参数域

本节以任意一个 NURBS 曲面为例，如图 4-15 所示，利用粒子自动配置算法为其提供建筑网格划分方案。初始点为随机生成的，如图 4-16 所示，周围一圈空心点为锚固点，在算法迭代过程中其位置不会改变，中间实心点为运动粒子，正是通过改变它们在曲面上的位置来达到结构性网格的生成目的。

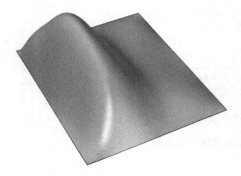

图 4-15　任意一个 NURBS 曲面

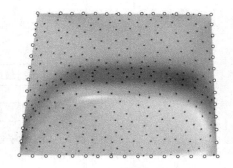

图 4-16　初始点布置

### 4.4.1　初始布点

利用粒子自动配置算法对空间自由曲面进行网格划分时，首先要对曲面进行初始布点，可采用平面投影法或随机生成法，为说明本章提出方法的高效性和鲁棒性，本章采用随机生成法。初始点的数量根据所需要的期望杆长和建筑师给出的曲面面积确定。

为说明使用粒子自动配置算法在任意自由曲面上生成均匀三角形网格的效果，本章采取两种方法：①基于参数域映射的间接生成法。此时，粒子的运动空间为曲面参数域，其思路是先在曲面参数域上生成合理的网格布置，然后再将其映射回空间曲面，此种方法存在映射畸变。②施加曲面强制吸引力的直接生成法。此时，粒子的运动空间为曲面空间物理域，通过引入曲面对粒子的强制吸引力，直接在空间曲面上进行网格生成，无须映射过程，因此，这种方法可以完美避免映射畸变。下文将分别介绍这两种方法并进行比较分析。

### 4.4.2　基于参数域映射的网格生成

在这一节将利用间接法进行曲面的网格生成，粒子的运动空间为参数域。首先，在空间曲面上随机生成一定数量的网格点；其次，将其投影到曲面的平面参数域，利用平面 Delaunay 三角剖分算法得到参数域初始网格，如图 4-17（a）所示；最后，再将其映射回空间曲面，得到空间曲面初始网格，如图 4-18（a）所示。由图 4-17（a）可知，因为点的位置是随机生成的，所以利用平面 Delaunay 三角剖分算法得到的初始网格大小不一，随机性较强，没有明显流畅的线条出现。

利用粒子自动配置算法在曲面参数域上寻找粒子的合适位置。通过多次迭代得到了如图 4-17（b）所示的粒子分布模式，可见，此时的粒子分布已较为均匀，并出现了明显流畅的网格线条。结合表 4-1 可知，利用粒子自动配置算法得到的参数域平面网格，其杆件长度的等效均方差和网格形状品质指标的均方差相比于初始状态都迅速减小，分别变为 0.09 和 0.03，最大降幅达 88%。另外，此时平面网格的形状品质指标的均值高达 0.98，这说明此时参数域上的网格都比较接近于等边三角形，网格品质较好。同时也说明粒子自动配置算法有效可行。

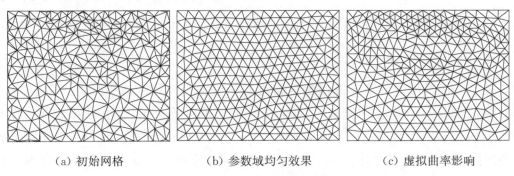

(a) 初始网格　　　　　(b) 参数域均匀效果　　　　　(c) 虚拟曲率影响

**图 4-17　参数域网格布置**

图 4-18（b）是将参数域网格映射回空间曲面后的结果，可以看到映射回空间曲

面后，网格的均匀性变差，网格品质严重下降，网格形状品质指标的均值下降为0.91，杆件长度的等效均方差增长至0.28。这说明参数域网格映射回空间曲面后会产生严重的映射畸变，使得空间曲面上的网格品质迅速下降，无法得到较好的空间曲面网格。为改善映射变形，此处考虑引入曲面的虚拟曲率以控制曲面参数域上粒子间库仑力的大小，从而调节粒子在参数域上的分布，减小映射畸变误差，得到空间曲面上较为均匀的网格布置。

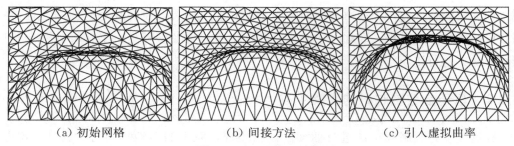

（a）初始网格　　　　　　（b）间接方法　　　　　　（c）引入虚拟曲率

图 4-18　空间曲面网格布置

表 4-1　曲面的网格品质评价

| 网格状态 | 曲面参数域 | | | | 曲面物理域 | | | |
|---|---|---|---|---|---|---|---|---|
| | 杆件长度 | | 网格形状品质指标 $Q$ | | 杆件长度 | | 网格形状品质指标 $Q$ | |
| | 均值/m | 等效均方差 | 均值 | 均方差 | 均值/m | 等效均方差 | 均值 | 均方差 |
| 初始状态 | 2.95 | 0.30 | 0.81 | 0.25 | 3.27 | 0.30 | 0.78 | 0.28 |
| 参数域运动 | 2.84 | 0.09 | 0.98 | 0.03 | 3.1 | 0.28 | 0.91 | 0.1 |
| 虚拟曲率 | 2.87 | 0.20 | 0.92 | 0.09 | 3.06 | 0.10 | 0.97 | 0.06 |
| 物理域运动 | 2.85 | 0.19 | 0.93 | 0.08 | 3.03 | 0.06 | 0.99 | 0.02 |

为减小映射畸变误差，引入曲面虚拟曲率的概念，空间曲面上某粒子 $p$ 在曲面 $u$，$v$ 方向的虚拟曲率可表示为

$$K_p^u = \frac{2\mathrm{d}u}{\left| S\left(u_p + \mathrm{d}u,\ v\right) - S\left(u_p - \mathrm{d}u,\ v\right) \right|}$$

$$K_p^v = \frac{2\mathrm{d}v}{\left| S\left(u,\ v_p + \mathrm{d}v\right) - S\left(u,\ v_p - \mathrm{d}v\right) \right|} \tag{4-12}$$

式中，$\mathrm{d}u$，$\mathrm{d}v$ 是粒子 $p$ 在曲面参数域 $u$，$v$ 方向上移动的微小距离，$(u_p + \mathrm{d}u,\ v)$，$(u_p - \mathrm{d}u,\ v)$，$(u,\ v_p + \mathrm{d}v)$，$(u,\ v_p - \mathrm{d}v)$ 是粒子 $p$ 在空间曲面参数域上的坐标，$S(u_p + \mathrm{d}u,\ v)$，$S(u_p - \mathrm{d}u,\ v)$，$S(u,\ v_p + \mathrm{d}v)$，$S(u,\ v_p - \mathrm{d}v)$ 是粒子 $p$ 在空间曲面上的笛卡儿坐标。$K_p^u$，$K_p^v$ 分别表示曲面在粒子 $p$ 处 $u$，$v$ 方向的曲率。引进曲面的虚拟曲率后，公式（4-4）中的系数 $k$ 由公式 $k^s = k\sqrt{K_p^u K_p^v}$ 确定，即由空间曲面两个方向上的曲率共同决定。曲面的弯曲程度越大，其值越大，库仑力越大，以

此控制参数域上不同粒子间的距离，此时库仑力由粒子间距 $r$ 和系数 $k^s$ 共同决定。

虚拟曲率的几何意义可表述为曲面上某粒子 $p$ 在曲面参数域上移动的距离与其在物理域上相对应的粒子 $p'$ 在空间曲面上所移动距离的比值。该值越小，物理域中粒子受参数域粒子影响越大，参数域上的微小变化就可带来物理域上的大幅改动；同理，其值越大，物理域中粒子受参数域粒子影响越小。

引入虚拟曲率后，依然将参数域平面作为粒子运动空间，调节粒子间库仑力的大小对参数域平面进行网格划分，经过迭代得到了如图 4-17（c）所示的结果，发现此时参数域上的网格已经变得稀疏有致，不再那么均匀了，杆件长度的等效均方差和网格形状品质指标的均方差分别增大为 0.2 和 0.09。但将参数域网格映射回空间曲面后，如图 4-18（c）所示，空间曲面上网格的均匀性相对于未考虑虚拟曲率时有所改善，杆件长度的等效均方差和网格形状品质指标的均方差都在迅速下降，分别降为 0.1 和 0.06，网格形状品质指标的均值也增大为 0.97。这说明虚拟曲率的存在，一定程度上减小了映射时产生的畸变误差，提高了网格从参数域映射回物理域后的均匀性，得到了较高品质的空间曲面网格。

### 4.4.3 施加曲面吸引力的网格直接生成

前一小节中，粒子的运动空间为曲面参数域，通过寻找粒子在参数域中的合理位置，然后再将参数域网格映射回物理域完成空间曲面的网格生成，这是一种间接方法。虽然引入虚拟曲率调整后，有效减小了映射畸变，但仍不能完全避免。本小节将采用另一种方法进行曲面网格生成，即将粒子运动空间从曲面参数域转移到空间物理域，并引入曲面对粒子的强制吸引力以寻找粒子在曲面上的合理位置，然后用空间 Delaunay 三角剖分算法进行曲面网格生成。由于是直接在空间曲面上对粒子位置进行调整，无须映射过程，因而可彻底克服映射带来的畸变误差，提高网格划分的均匀性和形状品质，这是一种网格直接生成法。

空间曲面对粒子的强制吸引力可表示为

$$\boldsymbol{F}_i = k_s d_{s,i} \qquad (4-13)$$

式中，$d_{s,i}$ 为粒子 $i$ 偏离曲面后的坐标到曲面的最短距离；$k_s$ 为曲面吸引力常数，数值越大，曲面对粒子吸引力越强，一般设置一个较大值。

引入曲面对粒子的吸引力后，将粒子运动空间转移到空间曲面上，利用曲面对粒子的强制吸引力保证粒子始终在空间曲面上运动而不脱离，通过迭代我们得到了如图 4-19 所示的网格布置。如图所示，空间曲面上的网格线条流畅，网格大小较为均匀；其参数域网格线条也比较流畅，网格大小稀疏有序。结合表 4-1 可知，此时空间网格杆件长度的等效均方差和网格形状品质指标的均方差相比前三种网格状态是最小的，分别为 0.06 和 0.02；相对于初始网格，分别下降了 80％和 93％，这说明此方法是有效可行的，此时网格形状品质指标均值高达 0.99。

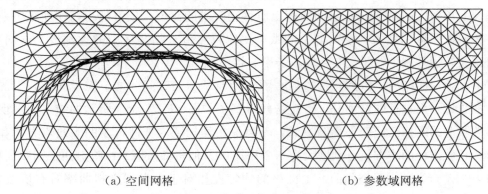

（a）空间网格　　　　　　　　　　　　　　（b）参数域网格

**图 4-19　考虑曲面吸引力的网格划分**

### 4.4.4　特殊曲面网格生成

本小节进一步讨论粒子自动配置算法对几种特殊曲面的网格划分的适应能力。一般地，对于简单曲面或曲率变化比较平缓的曲面采用映射法得到的网格品质就比较好了，但对于某些特殊曲面和曲率变化剧烈的曲面，如图 4-20～图 4-22 所示，采用映射法就无法得到较好的网格布置。

图 4-20 所示为莫比乌斯环曲面，它由德国数学家莫比乌斯（Mobius，1790—1868）和约翰·李斯丁在 1858 年发现。它具有魔术般的性质，一只小虫可以爬遍整个曲面而不必跨过它的边缘，因为它只有一个面，即单侧曲面。想要在这种曲面上获得较为理想的网格布置，利用映射法显然是行不通的。

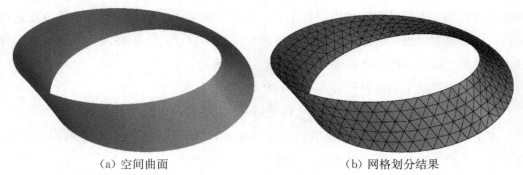

（a）空间曲面　　　　　　　　　　　　　　（b）网格划分结果

**图 4-20　莫比乌斯环**

图 4-21 为 2010 年上海世博会阳光谷，其建筑方案是由德国 SBA 公司设计的，喇叭形的自由曲面造型可以将阳光和自然空气引入地下空间，生态设计上综合考虑了雨水收集、太阳能利用以及自然通风等先进技术。在其表面钢结构杆件的布置上，建筑师希望得到一个网格分布均匀、杆件长度基本一致、线条足够流畅美观的网格。但如

图所示，其曲面上下两端尺寸相差悬殊，其中最大的一个谷上部直径达 97 m，下面直径为 20 m，曲面变化剧烈，显然，利用传统网格生成方法较难实现。

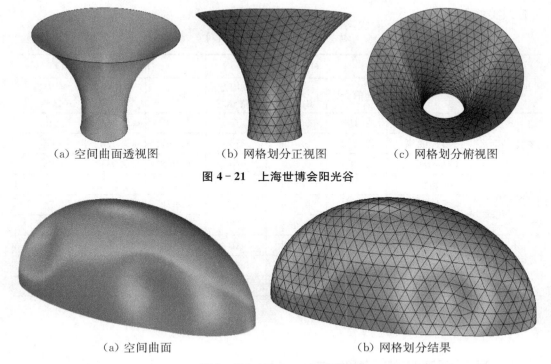

（a）空间曲面透视图　　　（b）网格划分正视图　　　（c）网格划分俯视图

**图 4 - 21　上海世博会阳光谷**

（a）空间曲面　　　　　　　　　　　（b）网格划分结果

**图 4 - 22　Admirant 入口建筑**

图 4 - 22 所示曲面是笔者模仿荷兰的埃因霍温 Admirant 入口大厦绘制而成的。Admirant 入口大厦的建筑方案出自意大利福克萨斯建筑事务所，其非正交的外形导致它没有方向性，既无前亦无后，自远而望，这座建筑状若飞旋，如同巨鱼出水，惊鸿一现，复又深潜。

利用本章提出的粒子自动配置算法分别对以上三种曲面进行网格划分，并分别考虑引入曲面虚拟曲率和曲面对粒子的强制吸引力等因素对网格品质的影响。网格划分结果分别如图 4 - 20～图 4 - 22 所示，其网格品质评价结果如表 4 - 2 所示。初始状态时，由于粒子是随机生成的，杆件长度的等效均方差和网格形状品质指标的均方差都比较大，网格形状品质指标均值较小。

利用粒子自动配置算法进行网格生成，如表 4 - 2 所示，当引入虚拟曲率时，网格形状品质指标的均值较初始状态有所提高，杆件长度的等效均方差和网格形状品质指标的均方差均下降了 50% 以上；施加曲面强制吸引力后，杆件长度的等效均方差和网格形状品质指标的均方差下降得更多，较初始状态时下降 70% 以上，相比考虑虚拟曲率时下降 30% 以上。这说明施加曲面强制吸引力后，利用粒子自动配置算法生成的网格品质更好，网格形状品质指标的均值都在 0.98 以上，其最终网格布置如图 4 - 20～

图 4-22 所示，可以看到线条流畅、网格均匀。这说明利用粒子自动配置算法生成的网格不仅能满足网格形状规则、杆长均匀一致以及线条流畅的要求，而且也诠释了网格建筑美的内涵。

表 4-2　网格品质评价（1）

| 曲面类型 | 影响因素 | 杆件长度 | | | 网格形状品质指标 $Q$ | | |
|---|---|---|---|---|---|---|---|
| | | 均值/m | 等效均方差 | 等效均方差下降率/% | 均值 | 均方差 | 均方差下降率/% |
| 莫比乌斯环 | 初始状态 | 2.195 | 0.245 | 0 | 0.895 | 0.208 | 0 |
| | 虚拟曲率 | 2.223 | 0.109 | 56 | 0.961 | 0.073 | 65 |
| | 曲面吸引力 | 2.269 | 0.074 | 70 | 0.988 | 0.031 | 85 |
| Admirant 入口建筑 | 初始状态 | 2.145 | 0.205 | 0 | 0.774 | 0.274 | 0 |
| | 虚拟曲率 | 2.056 | 0.099 | 52 | 0.972 | 0.070 | 74 |
| | 曲面吸引力 | 1.978 | 0.051 | 75 | 0.992 | 0.041 | 85 |
| 阳光谷 | 初始状态 | 2.012 | 0.312 | 0 | 0.874 | 0.280 | 0 |
| | 虚拟曲率 | 2.225 | 0.135 | 57 | 0.946 | 0.077 | 73 |
| | 曲面吸引力 | 1.915 | 0.070 | 78 | 0.984 | 0.035 | 88 |

注：方差下降率都是与初始状态相比而言的。

## 4.5　基于渐进法的网格生成

　　前述基于库仑定律开发的粒子自动配置算法分为两种，一种是粒子在曲面参数域运动的间接生成法，一种是粒子在曲面物理域运动的直接生成法。研究表明，直接生成法对曲面的适应性更好，可得到网格品质更加优良的布置形式。但无论是哪种生成方法，其本质上都还是一种随机方法，其网格生成思路是由点及线，由线成网的过程，算法对线条流畅度和网格走向的控制力较弱，因此最终生成的网格很可能并不是建筑师心中理想的方案，而且因其随机性较强，网格内部较容易产生奇异点，影响其网格流畅性。因此，本节基于库仑定律，对上述粒子自动配置算法继续进行完善，提出了一种渐进网格生成法。

　　同样，在渐进网格生成法中，空间结构中的节点依然被类比为电场中的带电粒子，但这些带电粒子不是一次性以随机方式布置于曲面上，而是按照不同的添加方式逐渐地添加到曲面上。然后通过粒子间的相互作用确定自由曲面节点的合理位置，最后按照不同的连接方式连接这些粒子完成网格生成。根据粒子添加方式、点的增加方式的不同，基于渐进法的网格生成可以分为两种：一种方法是基于初始点的渐进网格生成法。顾名思义，这种方法从曲面上任意一个初始点出发，在其周围不断生成随机点，然后以一定的拓扑形式生成渐进网格，此种方法适用于曲率变化较小的自由曲面，可以获得杆件均匀程度较高的三角形网格。另外一种是从设计人员给定的初始曲线出发，逐渐添加节点的基于初始基线的渐进网格生成法，这种方法适用于曲率变化较大的曲面，可以更好地满足建筑师对于网格走向的要求，更好地体现建筑意蕴和美感。

### 4.5.1　基于初始点的渐进网格生成原理

基于初始点的渐进网格生成法，其网格拓扑形式是预先给定的，在曲面网格生成过程中，网格拓扑形式是保持不变的，其网格生成过程如图 4-23 所示。由图可知网格基本上是一圈一圈地生成的，较为规律，均匀程度也较高，适用于曲率变化较为平缓的曲面。

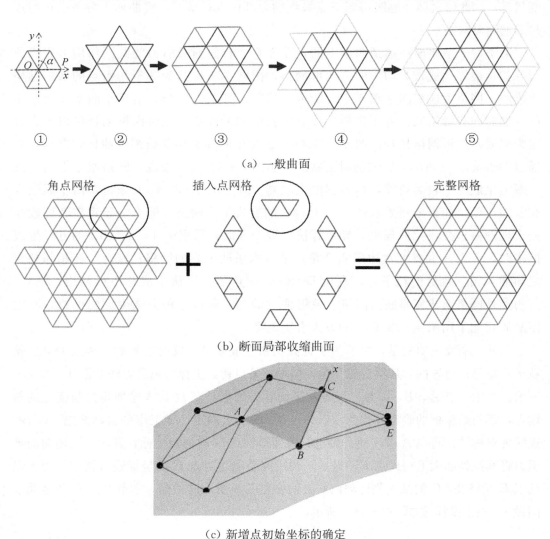

（a）一般曲面

（b）断面局部收缩曲面

（c）新增点初始坐标的确定

**图 4-23　基于初始点的渐进网格生成过程图**

确定初始点的位置：一般在单层空间网格结构中，三角形网格的应用更加广泛，因此为得到一个较为均匀的三角形网格，基于初始点的渐进网格生成是一个以平面六边形的形式从一个中心点向四周发散的过程。一般情况下，初始点的位置可以随机确定，对于按某一方向投影后没有重叠区域的一般曲面，其初始点一般选择在曲面的几何中心附近；对于复杂曲面则需要进行反复尝试以确定其最佳位置。

逐级生成随机点：初始点位置确定以后，首先，在其周围生成第一轮随机点，由于网格结构节点被看作电场中带电量相同的带电粒子，在库仑力和曲面吸引力的共同作用下自由运动，因此根据每个粒子所在处的等效电场强度大小确定粒子系统的平衡状态；其次，固定第一轮随机点，在其周围布置第二轮随机点，确定第二轮随机点平衡状态，如此依次循环逐级得到节点最终的合理位置；最后，将曲面上各节点进行连接形成曲面网格。

由于粒子是逐渐添加到曲面上的，在库仑力和曲面吸引力的共同作用下完成位置寻找，最终生成较为均匀的三角形网格，因此本节称其为基于初始点的渐进网格生成法。网格生成简图如图 4-23 所示，其中，图 4-23（a）适用于曲率变化较小的一般曲面或者按某一方向投影后没有重叠区域的曲面，此时网格拓扑可以预先设定为平面六边形网格拓扑；图 4-23（b）适用于断面有局部收缩的曲面，网格拓扑通过 Delaunay 三角剖分算法随时更新。对于图 4-23（a）来说，网格基本上是一圈一圈地生成的，较为规律，均匀程度也较高。对于图 4-23（b）来说，由于断面存在收缩现象，如果依然采取图 4-23（a）的方式生成网格，那么会导致在断面收缩处出现网格重叠或拉伸现象，导致算法失败。因此，采用图 4-23（b）的方式生成网格时，首先，生成大六边形六个角点处（六条肋上）的网格；其次，在相邻角点之间插入相应数量的粒子点，利用 Delaunay 三角剖分算法生成三角形网格；最后，与角点处网格组成完整曲面网格。值得注意的是，通过这种方式生成的网格，其网格品质相比采用图 4-23（a）的方式有所下降。

此外，需要说明的是，本节为了提高网格生成效率，仅处在初始点周围的第一轮粒子点是随机布置的，从第二轮开始，新增粒子点初始坐标的确定方法如图 4-23（c）所示。其中，点 $A$、$B$、$C$ 是已经处在平衡状态的点，点 $D$ 为本轮即将参与优化的新增点，其初始坐标的确定方式为：以 $A$、$B$、$C$ 三点确定一个工作平面，首先，以 $BC$ 连线为对称轴，将点 $A$ 关于对称轴进行镜像得到点 $D$ 的初始坐标；其次，利用曲面吸引力将其拉到曲面上得到点 $E$；最后，利用库仑定律对点 $E$ 的坐标进行调整。为了保证点 $E$ 始终在 $BC$ 的某一侧运动而不会偏移到点 $A$ 所在的一侧，本节对点 $E$ 的运动范围做了一定限制，如式（4-14）所示：

$$l_{DE} \leqslant k_l R \tag{4-14}$$

式中，$l_{DE}$ 为点 $D$ 和点 $E$ 间的欧氏距离，$k_l$ 为粒子间距调整系数，本节取 0.5，$R$

为设计人员给定的期望杆长。

## 4.5.2　基于初始基线的渐进网格生成原理

不同于基于初始点的渐进网格生成法，基于初始基线的渐进网格生成法，其网格拓扑不是预先给定的，而是在网格生成过程中逐步通过 Delaunay 三角剖分算法生成的。其网格生成过程如图 4 - 24 所示。

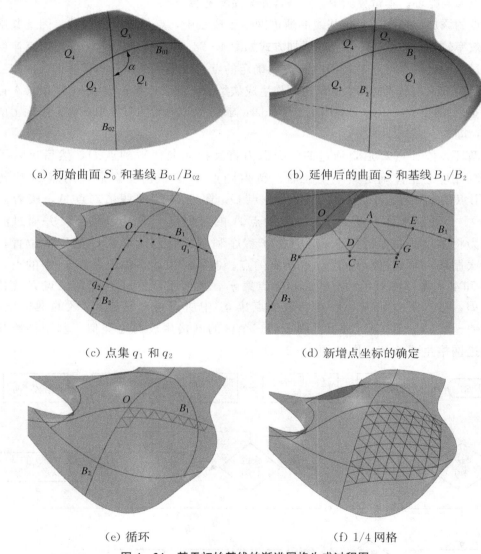

（a）初始曲面 $S_0$ 和基线 $B_{01}/B_{02}$　　　　（b）延伸后的曲面 $S$ 和基线 $B_1/B_2$

（c）点集 $q_1$ 和 $q_2$　　　　（d）新增点坐标的确定

（e）循环　　　　（f）1/4 网格

**图 4 - 24　基于初始基线的渐进网格生成过程图**

初始化：首先，在要生成网格的曲面 $S_0$ 上布置两条 NURBS 曲线 $B_{01}$ 和 $B_{02}$ 作为初始基线，当然，有时曲面的边缘线也可以选作基础基线，不过一般情况下，基线是由建筑师指定的以体现其建筑设计意图。其次，为了后续网格的顺利生成需要将曲面和基线进行延伸以避免在边界处出现干扰（因为在曲面边界处的新增点坐标可能已经处在曲面外）。两条基线将曲面 $S$ 分成四个部分，如图 4-24（b）所示，下面将利用基于初始基线的渐进网格生成法依次在这四个部分生成网格。

分割基线，获得初始点集：以两条基线的交点 $O$ 作为初始点将曲线按照期望杆长 $R$ 进行分割，得到基线 $B_1$ 上的点集 $q_1$ 和基线 $B_2$ 上的点集 $q_2$，如图 4-24（c）所示。点集 $q_1$ 和 $q_2$ 中的点是固定不变的，在网格生成过程中，程序将按顺序提取这两个点集中的点参与循环。本章算例中，网格首先会沿着基线 $B_1$ 生成。

点的添加：在基于初始基线的渐进网格生成法中，点是逐个增加的，因此其网格生成效率较低，比较耗时。点的增加方式如图 4-24（d）所示，点 $C$ 是新增点，点 $D$ 是通过曲面吸引力将点 $C$ 拉回曲面 $S$ 后确定的点，也是算法中参与循环迭代的点。点 $C$ 的确定方式与基于初始点的渐进网格生成法类似，提取点集 $q_1$ 中的点 $O$ 和点 $A$ 以及点集 $q_2$ 中的点 $B$，以此三点建立一个平面，求点 $O$ 以 $AB$ 为对称轴在这个平面上的对称点，即为点 $C$。

循环：添加点 $C$ 后，通过曲面吸引力将其拉回曲面得到点 $D$，然后进入子程序，利用库仑定律确定其平衡位置。待得到点 $D$ 的平衡位置后，用点 $D$ 代替点 $B$，用点集 $q_1$ 中的第二点 $A$ 代替第一点 $O$，第三点 $E$ 代替第二点 $A$，接着以点 $A$、$D$、$E$ 建立平面，以 $DE$ 为轴求得点 $A$ 的对称点 $F$ 作为新增点，并通过曲面吸引力将其拉回曲面得到点 $G$，进入子程序利用库仑定律求点 $G$ 的平衡位置，如此依次循环，直到遍历点集 $q_1$ 中所有的点。遍历结束后，输出点集 $q_1$ 中的点，将点 $B$ 和本来循环中新增的点作为新的点集 $q_1$，然后用点集 $q_2$ 中的第二点 $F$ 代替第一点 $B$，进入下一轮循环，直到遍历点集 $q_2$ 中所有点，完成 $Q_1$ 区的网格生成，如图 4-24（e）和（f）所示。剩下的三个区的网格生成与之类似。基于初始基线的渐进网格生成法流程图如图 4-25 所示。

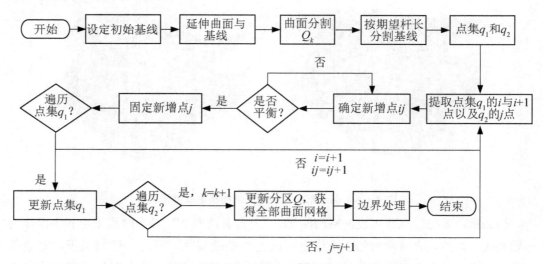

**图 4-25　基于初始基线的渐进网格生成法流程图**

此外，在基于初始基线的渐进网格生成法中，新增点的运动范围同样受到式（4-14）的约束。需要说明的是，无论是基于初始点的渐进网格生成法还是基于初始基线的渐进网格生成法，本节都是从曲面内部开始逐渐向边缘扩散，从而保证曲面内部网格的流畅性，提高内部网格的均匀性，但没有考虑曲面边界对于网格生成的影响。

对于边界网格的处理，一般来说，对于由渐进网格生成法生成的网格，其边界网格是通过裁剪边界线与网格线、合并距离较近节点来处理的。首先，对生成网格的曲面进行曲面延伸处理，延伸量一般为期望杆长的2~3倍；其次，通过渐进网格生成法在延伸后的曲面上生成网格；再次，对网格与原始曲面的边界求交，并删除不在原始曲面上的杆件；最后，对边界网格进行合并、删除等调整处理。该方法操作简单，易于实现，但可能导致边界处杆件和节点数量增多，杆件长短差距过大。另一种处理方法是先将边界根据期望杆长进行合理分段，在网格生成以后结合上述裁剪方法综合处理边界网格，由减少边界处节点数目，提高杆件均匀性。此外，还可采用网格松弛法对边界处网格进行松弛处理，但此种方法会影响到网格内部节点位置，虽然可以保证网格整体的流畅性和网格均匀性，但会影响由渐进网格生成法得到的网格精度。

## 4.6 网格品质评价

在建筑结构的网格划分中，常用杆件长度和网格形状品质指标来评价结构网格品质优劣。对于三角形网格而言，杆件长度的均方差越小，网格大小越均匀；网格形状品质指标的均值越高且均方差越小，网格越接近等边三角形。而对于四边形网格而言，无疑是正方形的网格品质最好，形状最为规整，四边形中杆件长度相差过大或夹角过小都会影响网格形状品质。

如图 4-26 所示，四边形网格形状品质评价指标可表示为

$$Q_q = 4\sqrt[4]{\frac{S_{\triangle ABC} \times S_{\triangle BCD}}{(l_{AB}^2 + l_{AD}^2) \times (l_{AB}^2 + l_{BC}^2)}} \times \sqrt[4]{\frac{S_{\triangle CDA} \times S_{\triangle ABD}}{(l_{BC}^2 + l_{CD}^2) \times (l_{CD}^2 + l_{AD}^2)}} \quad (4-15)$$

式中，$S_{\triangle ABC}$，$S_{\triangle BCD}$，$S_{\triangle CDA}$，$S_{\triangle ABD}$ 代表三角形面积，$l_{AB}$，$l_{BC}$，$l_{AD}$，$l_{CD}$ 代表四边形的四个边长，$Q_q \in (0, 1]$，$Q_q$ 值越大且均方差越小，网格形状就越规整，四边形品质越好。

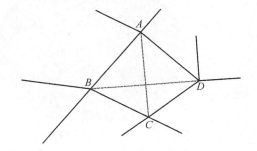

图 4-26 四边形网格

### 4.7　网格走向调整

一般地，为保证网格生成结果能更好地体现建筑意蕴，建筑师们很可能会对建筑网格的走向提出要求。在基于初始点的渐进网格生成法中可通过调整第一步循环中的初始网格走向来改变整体建筑网格走向。首先，以初始点 $O$ 为原点，以初始点与其周围任意一随机点 $P$ 的连线为 $x$ 轴，其垂直方向为 $y$ 轴，建立局部坐标系，如图 4-23（a）中①所示。本章算例中 $\alpha=0°$ 代表局部坐标系 $x$ 轴与世界坐标系 $x$ 轴平行，要改变网格走向只需要调整 $\alpha$ 即可。在基于初始基线的渐进网格生成法中直接改变初始基线的走向即可调整整体网格走向。

### 4.8　网格大小调控

在渐进网格生成法中可以根据需要设定不同的期望杆长值，实现对网格大小的调控，为建筑师提供更为灵活的选择。在基于初始基线的渐进网格生成法中，为实现对网格大小的调控，对期望杆长 $R$ 值进行修正，构造如下函数：

$$R_{ij}=k_ik_jR \tag{4-16}$$

式中，$i$ 为基线 $B_1$ 上的第 $i$ 个点，$j$ 为基线 $B_2$ 上的第 $j$ 个点，$k_i$ 和 $k_j$ 为缩放系数，当 $k_i=k_j=1$ 时，网格生成过程中期望杆长始终保持不变，可生成较为均匀的四边形网格或三角形网格；当改变 $k_i$ 或 $k_j$ 的值时，可生成按等比、等差、基线曲率变化或自定义规律沿着基线变化的网格。图 4-27 所示是仅改变 $k_i$ 生成的网格，本例中 $k_i$ 是按等差数列变化的，网格生成过程中基线 $B_1$ 上的期望杆长值 $R$ 是不断变大的，基线 $B_2$ 上的期望杆长值 $R$ 保持不变。图 4-28 中所示是同时改变 $k_i$ 和 $k_j$ 的结果，可以看到越靠近边界，网格尺寸越大，但依然保持着流畅的线条。通过调整期望杆长的值可

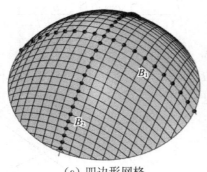
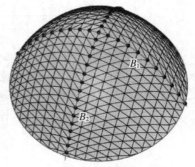

（a）四边形网格　　　　　　　　　（b）三角形网格

图 4-27　改变 $k_i$ 后的网格

以实现网格尺寸调控，得到间距变化自然，疏密有致，具有一定美感的建筑网格，提高了网格设计灵活性，具有一定的工程应用前景。

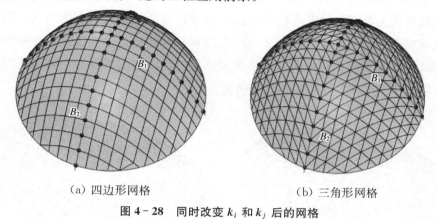

(a) 四边形网格                    (b) 三角形网格

图 4-28　同时改变 $k_i$ 和 $k_j$ 后的网格

## 4.9 基于初始点的渐进网格生成算例

### 4.9.1　北京大兴国际机场航站楼铝合金采光顶网格算例

本节以北京大兴国际机场航站楼 C 型柱上部的敞口铝合金采光顶曲面为例说明基于初始点的渐进网格生成法的可行性。北京大兴国际机场航站楼如图 4-29 (a) 所示，其建筑设计由 Zaha Hadid 建筑事务所完成，机场已于 2019 年 9 月 25 日正式启用通航。C 型柱采光顶结构如图 4-29 (b) 所示，采用装配式单层椭球面网壳，网格形式为三角形网格，节点为铝合金板式节点，采光顶网格模型如图 4-29 (c) 所示。根据结构尺寸，采光顶分为两类，分别为 C1 型和 C2 型，其中 C1 型采光顶长轴长为 36.98 m，短轴长为 27.82 m，矢高为 3.1 m；C2 型采光顶长轴长为 52.28 m，短轴长为 27.33 m，矢高为 6.7 m。C1 型铝合金采光顶结构数量为 6 个，C2 型铝合金采光顶结构数量为 2 个。由于两类采光顶曲面形式相近，因此本节任取一类曲面利用基于初始点的渐进网格生成法在其上生成三角形网格。

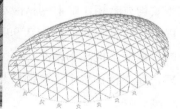

(a) 机场效果图　　　　　(b) 采光顶工程图　　　　　(c) 采光顶网格模型

图 4-29　北京大兴国际机场航站楼

　　由于实际工程中杆件长度均值大约为 2.0 m，因此本节设定期望杆长为 $R=$ 2.0 m。利用基于初始点的渐进网格生成法，以杆件长度均匀性为指标进行网格生成，网格节点被类比为电场中的带电粒子并在库仑力和曲面强制吸引力的共同作用下在曲面上自由运动，当达到设定的迭代步数或收敛容差时终止运算。经过边界处理后得到如图 4-30 所示的两种不同走向的网格布置结果，可以看到得到的网格大小均匀、线条流畅，体现了空间网格结构的建筑意蕴美。

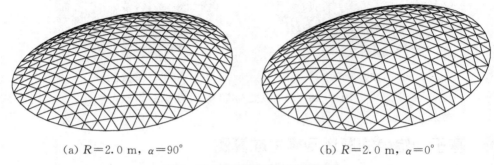

(a) $R=2.0$ m，$\alpha=90°$　　　　　　　　(b) $R=2.0$ m，$\alpha=0°$

**图 4-30　不同走向网格布置结果**

　　表 4-3 是改变网格走向以及期望杆长，利用基于初始点的渐进网格生成法得到的网格和实际工程中的网格以及利用传统映射法得到的网格的品质评价对比情况，评价指标主要包括杆件长度和网格形状品质指标。括号中的数值代表排除边界网格影响后的统计结果，因为边界处网格是在整体网格生成以后二次处理后的结果，排除其对算法的影响更能体现出渐进网格生成法的优越性。

　　由表 4-3 可知，实际工程中的网格和映射网格虽然流畅性较好，但其网格均匀性相比利用基于初始点的渐进网格生成法得到的网格较差。具体表现为，当杆件长度均值在 2.0 m 附近时，利用映射法得到的网格和工程网格杆件长度的等效均方差较大，而网格形状品质指标的均值较小，均方差较大。对于利用基于初始点的渐进网格生成法生成的网格，不仅杆件长度的等效均方差相比利用映射法得到的网格有了显著减小，而且其网格形状品质指标的均值有了明显提高，均方差明显减小。在排除边界处网格的影响后，利用基于初始点的渐进网格生成法得到的网格均匀性更好，其杆件长度的等效均方差相比映射网格减小 58% 以上，网格形状品质指标的均方差更是减小了 84% 以上，而且其均值都在 0.997 以上，这说明基于初始点的渐进网格生成法可有效避免映射畸变，提高网格品质，生成较为均匀的三角形网格。此外，对比表中数据可以发现，期望杆长越小得到的网格均匀性越好，也就是说杆件长度越小，网格与曲面的贴合度越好。

表4-3　网格品质评价（2）

| 网格类型 | 杆件长度 | | 网格形状品质指标 $Q$ | |
|---|---|---|---|---|
| | 均值/m | 等效均方差 | 均值 | 均方差 |
| 映射网格 | 2.051（2.056） | 0.183（0.077） | 0.971（0.992） | 0.091（0.037） |
| 工程网格 | 1.959（2.029） | 0.150（0.102） | 0.961（0.983） | 0.075（0.015） |
| $R=2.0$ m，$\alpha=90°$ | 2.020（2.015） | 0.109（0.015） | 0.983（0.999） | 0.073（0.003） |
| $R=2.0$ m，$\alpha=0°$ | 2.056（2.009） | 0.092（0.032） | 0.981（0.998） | 0.056（0.006） |
| $R=3.0$ m，$\alpha=90°$ | 2.830（2.964） | 0.143（0.050） | 0.979（0.998） | 0.086（0.012） |
| $R=3.0$ m，$\alpha=0°$ | 2.878（2.963） | 0.100（0.051） | 0.974（0.997） | 0.074（0.015） |
| $R=1.5$ m，$\alpha=90°$ | 1.470（1.49） | 0.096（0.020） | 0.983（0.999） | 0.079（0.003） |
| $R=1.5$ m，$\alpha=0°$ | 1.494（1.498） | 0.093（0.020） | 0.984（0.999） | 0.064（0.001） |

注：括号内是剔除边界网格后的数据。

图4-31～图4-35是不同网格的杆件长度的分布范围情况，绿颜色突出显示的是在不同误差允许范围内的杆件数量，$\mu$是杆件实际长度和期望长度的差值。实际工程中，工程师们一般希望杆件的长度规格种类能够尽可能的少，这样既可方便构件的工厂加工制造，又有利于结构的现场施工安装。本节通过不同$\mu$值下杆件的分布情况清晰地展现出整体结构中某一长度规格的杆件占总体杆件的比例。从图4-31～图4-33中可以看到，在不同误差标准下，实际工程网格的杆件处在允许误差范围内的杆件比例最低，其次是利用映射法得到的网格，而利用基于初始点的渐进网格生成法得到的网格，其在相应允许误差范围内的杆件比例最大。从图4-34～图4-35中可以看出，改变网格的整体走向对于基于点的渐进网格生成法的影响并不大，不同走向网格的杆件在相应允许误差范围内的比例相差不大。

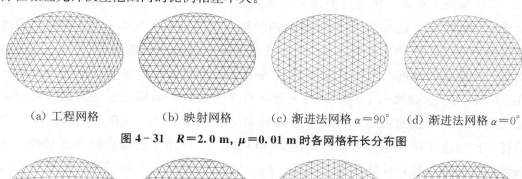

（a）工程网格　　　　（b）映射网格　　　（c）渐进法网格$\alpha=90°$　　（d）渐进法网格$\alpha=0°$

图4-31　$R=2.0$ m，$\mu=0.01$ m时各网格杆长分布图

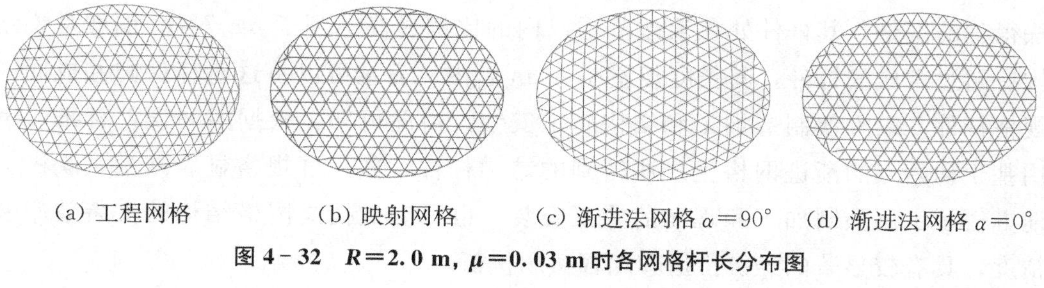

（a）工程网格　　　　（b）映射网格　　　（c）渐进法网格$\alpha=90°$　　（d）渐进法网格$\alpha=0°$

图4-32　$R=2.0$ m，$\mu=0.03$ m时各网格杆长分布图

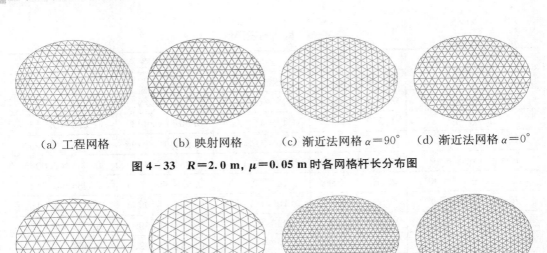

(a) 工程网格　　　(b) 映射网格　　　(c) 渐近法网格 $\alpha=90°$　　　(d) 渐近法网格 $\alpha=0°$

**图 4-33　$R=2.0$ m, $\mu=0.05$ m 时各网格杆长分布图**

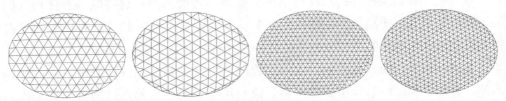

(a) $R=3.0$ m, $\alpha=0°$　　(b) $R=3.0$ m, $\alpha=90°$　　(c) $R=1.5$ m, $\alpha=0°$　　(d) $R=1.5$ m, $\alpha=90°$

**图 4-34　不同期望杆长和走向, $\mu=0.01$ m 时各网格杆长分布图**

(a) $R=3.0$ m, $\alpha=0°$　　(b) $R=3.0$ m, $\alpha=90°$　　(c) $R=1.5$ m, $\alpha=0°$　　(d) $R=1.5$ m, $\alpha=90°$

**图 4-35　不同期望杆长和走向, $\mu=0.03$ m 时各网格杆长分布图**

不同网格中杆件长度分布的详细比例如表 4-4 所示。由表可知，实际工程的网格中杆件长度处在 0.01 m 误差范围内的杆件比例最低，仅为 4.7%；而利用映射法得到的网格杆件长度处在 0.01 m 误差范围内的比例也仅为 17.8%；反观利用基于初始点的渐进网格生成法得到的网格在相同期望杆长和误差范围内的比例在 60% 以上，这说明基于初始点的渐进网格生成法有效地避免了映射法带来的映射畸变，得到了较为均匀的网格布置。当期望杆长较小时，处在不同误差范围内的杆件比例也相应升高。当误差在 0.01 m 内时，利用基于初始点的渐进网格生成法得到的网格，其杆件处在误差范围以内的比例最高达到了 64.7%。也就是说结构有超过六成的杆件，其长度相差在 1 cm 以内，完全可以将这些杆件归并成同一规格杆件，以方便制造加工和结构施工安装。由此可知，根据不同误差标准，利用基于初始点的渐进网格生成法得到的结构杆件，其长度规格显著减少，既极大地方便了工厂预制加工和现场的施工安装，也可有效提高网格结构的安装效率和精度，具有较显著的经济价值和工程实用价值。

表 4-4　不同网格中杆件长度分布

| 网格类型 | 不同误差范围内杆件所占比例/% | | | |
| --- | --- | --- | --- | --- |
| | $\mu=0.01$ m | $\mu=0.03$ m | $\mu=0.05$ m | $\mu=0.08$ m |
| 映射网格，$R=2.0$ m | 17.8 | 32.9 | 41.8 | 51.3 |
| 工程网格，$R=2.0$ m | 4.7 | 14.4 | 23.2 | 36.8 |
| $R=2.0$ m，$\alpha=0°$ | 61.1 | 64.2 | 69.5 | 75.1 |
| $R=2.0$ m，$\alpha=90°$ | 60.1 | 63.8 | 67.5 | 73.8 |
| $R=3.0$ m，$\alpha=0°$ | 53.9 | 59.4 | 61.2 | 65.3 |
| $R=3.0$ m，$\alpha=90°$ | 52.4 | 60.5 | 60.9 | 62.7 |
| $R=1.5$ m，$\alpha=0°$ | 64.7 | 71.3 | 78.6 | 86.5 |
| $R=1.5$ m，$\alpha=90°$ | 63.1 | 70.3 | 77.4 | 84.9 |

## 4.9.2　力学性能对比

上面介绍了利用基于初始点的渐进网格生成法得到的在不同期望杆长下的网格布置，并将其与实际工程网格以及利用传统映射法得到的网格做了对比分析，结果表明利用基于初始点的渐进网格生成法得到的网格品质更优，更具工程实用价值，但其评价指标仅停留在几何指标层面。下面将对利用基于初始点的渐进网格生成法得到的网格与实际工程中的网格进行力学性能的对比分析。

表 4-5 是不同网格模型的力学性能及其各项几何指标的对比情况。模型 1 为实际工程中的网格模型；模型 2 和模型 3 分别是网格走向在 $\alpha=90°$ 和 $\alpha=0°$ 时通过基于初始点的渐进网格生成法得到的网格模型。在进行力学性能分析时，为方便计算，杆件统一采用截面为 150 mm×150 mm×4 mm 的 Q345 方钢管，泊松比为 0.3，弹性模量为 $2.0×10^5$ MPa，荷载为结构和屋面板自重以及 0.5 kN/m² 的均布活荷载。由表可知，模型 2 中的三角形屋面板数量、节点数量以及杆件数量相对于实际工程都减小了 8% 左右，杆件总长度减少了 4.14%，有一定的经济价值，但其结构极限承载力相比实际工程网格下降了 1.49% 左右，这可能是因为当 $\alpha=90°$ 时，边界处的网格处理不好从而影响了结构内部力流的传递；模型 3 中结构的三角形屋面板数量、节点数量和杆件数量相比实际工程下降程度均在 9% 以上，比模型 2 的下降程度更高，而其力学性能却比实际工程还要好，具体表现为其极限承载力相比实际工程网格提高了近 3%。

表 4-5　粒子法所得模型与工程模型的各项指标对比

| 模型编号 | 模型 1 | 模型 2 | 模型 3 | 下降率/% | |
| --- | --- | --- | --- | --- | --- |
| 模型类型 | 工程网格 | $\alpha=90°$ | $\alpha=0°$ | 模型 2 对模型 1 | 模型 3 对模型 1 |
| 极限承载力/N | 8 858.57 | 8 726.87 | 9 120.15 | 1.49 | −2.95 |
| 杆件总长/m | 1 604.5 | 1 538.1 | 1 526.1 | 4.14 | 4.89 |
| 三角形屋面板数量 | 526 | 483 | 476 | 8.2 | 9.5 |
| 节点数量 | 294 | 270 | 267 | 8.2 | 9.2 |
| 杆件数量 | 818 | 751 | 741 | 8.2 | 9.4 |

图 4-36 所示是三类模型的荷载-位移曲线图，从图中可以更直观地看到模型 3 具有更高的极限承载力。由此可以说明，利用基于初始点的渐进网格生成法得到的网格布置相比于实际工程网格更具优势，不仅三角形屋面板数量、杆件数量、节点数量等都较少而且力学性能还高。此外，由于在此工程中采用的是铝合金板式节点，该节点的制造和安装费用都较高，也就是说节点数量的减少不仅可以提高结构施工效率还可以带来较高的经济效益。因此，综合考虑各方面因素，本节认为利用基于初始点的渐进网格生成法得到的建筑曲面网格更具优势。

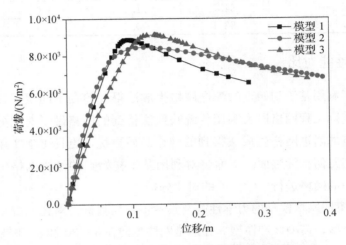

图 4-36　模型 1～模型 3 的荷载-位移曲线图

## 4.10　基于初始基线的渐进网格生成算例

### 4.10.1　算例一

上一节介绍了基于初始点的渐进网格生成法，利用该法可以得到均匀程度较高的建筑网格，对网格走向也有一定的控制能力，但其仅适用于曲率变化较缓的曲面。这一节将介绍基于初始基线的渐进网格生成法，其对网格走向控制能力更强，适用范围更广。以图 4-24 所示的曲面为例说明基于初始基线的渐进网格生成法的可行性。首先，设定初始基线走向，本小节采用平面夹角分别为 $90°$ 和 $60°$ 的两组基线，期望杆长选用 $R=2.5\text{ m}$。利用基于初始基线的渐进网格生成法得到的四边形网格和三角形网格如图 4-37 所示。可以看到，利用基于初始基线的渐进网格生成法得到的网格线条非常流畅，网格走向基本保持着初始基线的走向，四边形网格具有良好的均匀性。

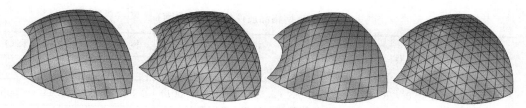

（a）四边形网格 $\alpha=90°$　（b）三角形网格 $\alpha=90°$　（c）四边形网格 $\alpha=60°$　（d）三角形网格 $\alpha=60°$

**图 4-37　网格划分结果（任意曲面）**

利用基于初始基线的渐进网格生成法得到的网格中实际杆件长度与期望杆长的误差在 0.01 m 范围内时网格杆件长度的分布如图 4-38 和表 4-6 所示。显然，当 $\alpha=90°$ 时，四边形网格的均匀程度较高，杆件长度误差在 0.01 m 以下的比例最高达到 72%，这说明基于初始基线的渐进网格生成法可以得到较为均匀的四边形网格。相对于四边形网格来说，当 $\alpha=90°$ 时得到的三角形网格的均匀程度较差，这是因为由互相垂直的基线得到了近似的正方形网格，其斜边自然较长，导致了整体三角形网格均匀程度的下降。从图 4-38 中可以看到，当 $\alpha=60°$ 时可以得到较为均匀的三角形网格，当不考虑边界网格影响时，如表 4-7 所示其网格形状品质指标的均值达到了 0.99，均方差达到了 0.009，这说明此时的三角形网格均匀程度和网格规则程度均较高。四种网格的实际杆件长度误差在 0.01 m 范围内时的分布比例最低也有 43.6%，这说明整个结构中有四成以上杆件可以归为一类，大大减少了结构中的杆件长度规格，这无疑将更有利于提高杆件加工制造和结构施工的效率和精度。

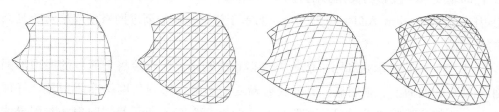

（a）四边形网格 $\alpha=90°$　（b）三角形网格 $\alpha=90°$　（c）四边形网格 $\alpha=60°$　（d）三角形网格 $\alpha=60°$

**图 4-38　$\mu=0.01$ m 时不同网格杆长分布（任意曲面）**

**表 4-6　杆件长度分布（任意曲面）**

| 网格类型 | 不同误差范围内杆件所占比例/% | | | |
|---|---|---|---|---|
| | $\mu=0.01$ m | $\mu=0.03$ m | $\mu=0.05$ m | $\mu=0.08$ m |
| 四边形网格 $\alpha=90°$，$R=2.5$ m | 72.0 | 73.2 | 74.4 | 75.5 |
| 三角形网格 $\alpha=90°$，$R=2.5$ m | 48.9 | 49.7 | 50.8 | 53.2 |
| 四边形网格 $\alpha=60°$，$R=2.5$ m | 52.4 | 68.0 | 70.5 | 71.5 |
| 三角形网格 $\alpha=60°$，$R=2.5$ m | 43.6 | 51.7 | 54.6 | 59.7 |

表4-7　网格品质评价（任意曲面）

| 网格类型 | 杆件长度 | | 网格形状品质指标 $Q$ 和 $Q_q$ | |
| --- | --- | --- | --- | --- |
| | 均值/m | 等效均方差 | 均值 | 均方差 |
| 四边形网格 $\alpha=90°$，$R=2.5$ m | 2.48 (2.5) | 0.13 (0.0001) | 0.96 (0.99) | 0.11 (0.006) |
| 三角形网格 $\alpha=90°$，$R=2.5$ m | 2.7 (2.81) | 0.21 (0.16) | 0.84 (0.89) | 0.11 (0.037) |
| 四边形网格 $\alpha=60°$，$R=2.5$ m | 2.49 (2.5) | 0.12 (0.004) | 0.88 (0.89) | 0.05 (0.041) |
| 三角形网格 $\alpha=60°$，$R=2.5$ m | 2.47 (2.51) | 0.14 (0.04) | 0.96 (0.99) | 0.09 (0.009) |

注：括号内是剔除边界网格后的数据。

## 4.10.2　算例二

因为基于初始点的渐进网格生成法是从某一初始点开始，以六边形的形式逐渐向四周发散最终形成曲面网格的，所以其对于曲率变化较为复杂的曲面，就无法有效得到线条流畅、大小较为均匀的网格。另外，基于初始点的渐进网格生成法对网格走向的控制能力较弱，有时不能很好地满足建筑师的要求。但是基于初始基线的渐进网格生成法对不同曲面类型具有较强的适应性，受曲面曲率影响较小，对网格走向的控制能力较强，可以顺利得到品质较高的建筑网格。同样，本小节依然采用两种基线布置方式，即基线水平投影的夹角分别为 $\alpha=90°$ 和 $\alpha=60°$，期望杆长选用 $R=2.1$ m，以荷兰埃因霍温 Admirant 入口大厦为例，说明基于初始基线的渐进网格生成法对于复杂曲面的有效性。

图4-39（a）所示是利用一般映射法得到的网格，即直接将平面上的四边形网格投影到给定的曲面上。很明显，由于映射畸变的影响，得到的网格品质很差，杆件长度过长，不符合建筑要求。图4-39（b）和图4-39（c）所示是将映射法与引导线法结合得到的网格，这种方法称为映射-引导线法。其具体过程是首先在曲面的参数域上按照一定间距布置一定数量的直线段，其次将这些直线映射到给定曲面上，然后将得到的曲面上的曲线按杆件间距或所需要的杆件段数等分，最后连接等分点得到最终网格。但利用这种方法得到的网格不能避免映射带来的网格变形，而且如图4-39（b）和图4-39（c）所示在曲面两端，网格出现了严重的聚集现象，导致此处网格变得非常狭长，网格品质严重下降。图4-40和图4-41所示是利用基于初始基线的渐进网格生成法在不同的基线角度下得到的网格。可以看到不仅线条流畅、网格大小均匀，而且在曲面端部没有网格聚集现象。各个模型的网格品质评价对比如表4-8所示。相对于利用映射-引导线法生成的网格，利用渐进网格生成法得到的四边形网格，其杆件长度的等效均方差下降了78.67%，网格形状品质指标的均方差下降了86.96%，这说明

渐进网格生成法很好地避免了映射畸变的产生，可得到较为均匀的网格。改变基线的方向后，利用渐进网格生成法得到了均匀性更好的三角形网格，相比于基线夹角为 90° 时，此时的三角形网格形状品质指标的均方差下降了 48.4%。

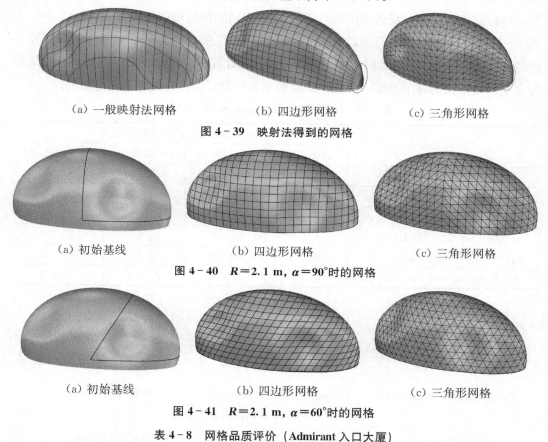

（a）一般映射法网格　　　　　（b）四边形网格　　　　　（c）三角形网格

**图 4-39　映射法得到的网格**

（a）初始基线　　　　　（b）四边形网格　　　　　（c）三角形网格

**图 4-40　$R=2.1$ m，$\alpha=90°$时的网格**

（a）初始基线　　　　　（b）四边形网格　　　　　（c）三角形网格

**图 4-41　$R=2.1$ m，$\alpha=60°$时的网格**

**表 4-8　网格品质评价（Admirant 入口大厦）**

| 网格类型 | 杆件长度 | | 网格形状品质指标 $Q$ 和 $Q_q$ | |
|---|---|---|---|---|
| | 均值/m | 等效均方差 | 均值 | 均方差 |
| 映射-引导线法四边形网格 | 1.92 | 0.361 | 0.826 | 0.253 |
| 四边形网格 $\alpha=90°$，$R=2.1$ m | 2.10 | 0.077 | 0.99 | 0.033 |
| 三角形网格 $\alpha=90°$，$R=2.1$ m | 2.34 | 0.167 | 0.89 | 0.151 |
| 映射-引导线法三角形网格 | 2.17 | 0.333 | 0.75 | 0.223 |
| 四边形网格 $\alpha=60°$，$R=2.1$ m | 2.09 | 0.082 | 0.89 | 0.059 |
| 三角形网格 $\alpha=60°$，$R=2.1$ m | 2.11 | 0.099 | 0.97 | 0.064 |

表 4-9 所示是在不同的 $\mu$ 值（实际杆长与期望杆长的差值）下杆件长度分布情况。可以清晰地看到，当 $\mu=0.01$ m 时，利用基于初始基线的渐进网格生成法得到的四边形网格，其杆件长度在此误差范围内的比例达到了 88.5%，三角形网格的杆件长度在

此误差范围内的比例也在 60% 以上，其杆长分布图如图 4-42 和图 4-43 所示。也就是说，利用基于初始基线的渐进网格生成法得到的网格较为均匀，而且其杆件长度与期望杆长更为接近，大大减少了网格结构中的杆件长度规格，有利于提高杆件加工制造和结构施工的效率。反观利用映射-引导线法得到的四边形网格，如图 4-42（c）和图 4-43（c）所示，其杆件长度在 $\mu=0.01$ m 误差范围内的比例仅为 13.4%，三角形网格中仅为 9.3%，而且其网格均匀程度较差，因此其杆件长度规格也就更多，这无疑加大了网格结构的施工难度，降低了安装效率和精度，不符合建筑工业化要求。

表 4-9　杆件长度分布（Admirant 入口大厦）

| 网格类型 | 不同误差范围内杆件所占比例 | | | |
|---|---|---|---|---|
| | $\mu=0.01$ m | $\mu=0.03$ m | $\mu=0.05$ m | $\mu=0.08$ m |
| 映射-引导线法四边形网格 | 13.4% | 22.1% | 25.9% | 33.6% |
| 四边形网格 $\alpha=90°$，$R=2.1$ m | 88.5% | 89.4% | 90.0% | 91.1% |
| 三角形网格 $\alpha=90°$，$R=2.1$ m | 60.3% | 60.9% | 61.3% | 62.3% |
| 映射-引导线法三角形网格 | 9.3% | 15.5% | 18.3% | 23.6% |
| 四边形网格 $\alpha=60°$，$R=2.1$ m | 88.4% | 89.1% | 89.4% | 89.9% |
| 三角形网格 $\alpha=60°$，$R=2.1$ m | 62.9% | 68.9% | 72.8% | 76.0% |

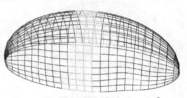

（a）渐进网格生成法 $\alpha=90°$　　（b）渐进网格生成法 $\alpha=60°$　　（c）映射-引导线法 $\alpha=90°$

**图 4-42　$\mu=0.01$ m 时的四边形网格**

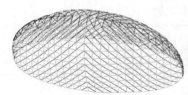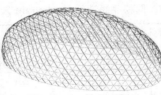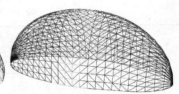

（a）渐进网格生成法 $\alpha=90°$　　（b）渐进网格生成法 $\alpha=60°$　　（c）映射-引导线法 $\alpha=90°$

**图 4-43　$\mu=0.01$ m 时的三角形网格**

### 4.10.3　算例三

图 4-44（a）所示是一局部曲率较大的抛物面壳，图 4-44（b）和图 4-45（b）是利用基于初始基线的渐进网格生成法得到的网格，图 4-44（c）和图 4-45（c）是利用传统映射法得到的网格。对其进行网格品质评价，结果显示当基线夹角为 90° 时，利用渐进网格生成法得到的网格杆件长度的等效均方差为 0.084，相比于利用映射法得

到的网格下降了 71.1%，网格形状品质指标的均方差为 0.021，相比于利用映射法得到的网格下降了 72.4%；当基线夹角为 60°时，利用渐进网格生成法得到的网格杆件长度的等效均方差相比于利用映射法得到网格下降了 64.2%，网格形状品质指标的均方差相比于利用映射法得到的网格下降了 56.0%。这再次说明了利用基于初始基线的渐进网格生成法生成的网格可有效避免映射畸变的发生，得到较为均匀且线条流畅的建筑网格。

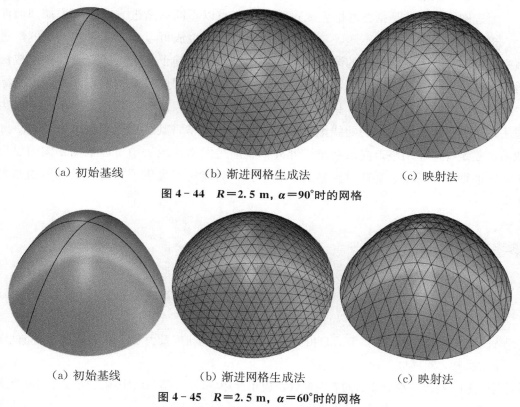

|（a）初始基线|（b）渐进网格生成法|（c）映射法|

**图 4-44  *R*=2.5 m，*α*=90°时的网格**

|（a）初始基线|（b）渐进网格生成法|（c）映射法|

**图 4-45  *R*=2.5 m，*α*=60°时的网格**

## 4.11  本章小结

建筑网格不同于有限元网格，有限元网格关注的是数值计算结果的精准性和高效性，而建筑网格更侧重于网格品质高低，比如网格的均匀性与流畅性，是否符合建筑美学要求等，因而在有限元领域适用的网格划分方法在建筑领域却无法适用。

本章基于物理学中的库仑定律，将空间网格结构中的节点类比为电场中的带电粒子，提出了一种适用于自由曲面的三角形网格自动生成方法——粒子自动配置算法。根据粒子运动空间的不同，粒子自动配置算法可分为间接法和直接法两种。间接法中粒子运动空间为曲面参数域，在得到参数域网格后将其映射回空间曲面，得到空间网格，通过引入虚拟曲率，可在一定程度上减小映射畸变但不能消除；直接法中粒子运动空间为曲面物理域，无须映射过程，直接针对空间曲面进行网格生成设计，可完全避免映射畸变，得到更加优异的建筑曲面网格。

另外，粒子自动配置算法对网格线条的流畅性以及网格走向的控制力较差，随机性较强。因此，本章在网格生成过程中综合考虑网格的均匀性和线条的流畅性，对粒子自动配置算法进行改进，提出了一种渐进网格生成法。

渐进网格生成法是指在网格生成过程中将节点以不同的渐进方式逐渐添加到曲面上。根据点的增加方式的不同，基于渐进方法的网格生成可以分为基于初始点的渐进网格生成法和基于初始基线的渐进网格生成法。其中，基于初始点的渐进网格生成法适用于曲率变化较平缓的曲面，可得到均匀程度和流畅程度较高的网格布置，大大减少了结构中的杆件长度规格，具有较高的工程应用价值；基于初始基线的渐进网格生成法是指沿着设计师给定的曲线渐进式地生成曲面网格，其适用范围较广，可以更好地满足建筑师对于网格走向的要求。此外，在渐进网格生成法中可以根据不同需要设定不同的期望杆长值，实现对网格大小的调控，为建筑师提供了更为灵活的网格布置方案。

# 参考文献

[1] 关振群，宋超，顾元宪，等．有限元网格生成方法研究的新进展 [J]．计算机辅助设计与图形学学报，2003，15（1）：1-14.

[2] 胡波，阚建忠，赵国兴，等．自由曲面空间网格结构研究及力学性能分析 [J]．空间结构，2018，24（1）：38-45.

[3] 廖文和，刘浩．细分曲面的研究现状及应用展望 [C] //第三届中国几何设计与计算大会论文集．北京：电子工业出版社，2007：115-125.

[4] 原泉．自由曲面形态创构与网格划分技术研究 [D]．哈尔滨：哈尔滨工业大学，2015.

[5] Catmull E, Clark J. Recursively generated B-spline surfaces on arbitrary topological meshes [J]. Computer-Aided Design, 1978, 10（6）：350-355.

[6] Doo D, Sabin M. Behaviour of recursive division surfaces near extraordinary points [J]. Computer-Aided Design, 1978, 10（6）：356-360.

[7] Loop C. Smooth subdivision surfaces based on triangles [D]. Salt Lake City: The University of Utah, 1987.

[8] Schwarz U. Ingenieurbaukunst: made in Germany 2010/2011 [M]. Hamburg: Junius Verlag, 2010.

[9] Dimčić M. Structural optimization of grid shells based on genetic algorithms [D].

Stuttgart：University of Stuttgart，2011.

[10] Shepherd P, Richens P. The case for subdivision surfaces in building design [J] . Journal of the International Association for Shell and Spatial Structures, 2012 (53)：237-245.

[11] Helmut P. Geometry and new and future spatial patterns [J] . Architectural Design, 2009, 79 (6)：60-65.

[12] Williams C J K. The analytic and numerical definition of the geometry of the British Museum Great Court Roof [C] //Mathematics & Design, 2001：434-440.

[13] Schlaich J, Schober H, Kürschner K. New trade fair in milan-grid topology and structural behaviour of a free-formed glass：covered surface [J] . International Journal of Space Structures, 2005, 20 (1)：1-14.

[14] Lina B. Optimisation structurelle des gridshells [D] . Paris：Université Paris-Est, 2010.

[15] Lefevre B. Buckling of elastic grid shells [J] . Journal of the International Association for Shell and Spatial Structures, 2015, 56 (3)：153-171.

[16] Shimada K, Gossard D C. Automatic triangular mesh generation of trimmed parametric surfaces for finite element analysis [J] . Computer Aided Geometric Design, 1998, 15 (3)：199-222.

[17] Shimada K, Gossard D C. Bubble mesh：automated triangular meshing of non-manifold geometry by sphere packing [C] //Proceedings of the third ACM symposium on Solid modeling and applications. May 17-19, 1995, Salt Lake City, Utah, USA. ACM, 1995：409-419.

[18] Zhou Y Q, Nie Y, Zhang W W. A modified bubble placement method and its application in solving elliptic problem with discontinuous coefficients adaptively [J] . International Journal of Computer Mathematics, 2017, 94 (6)：1268-1289.

[19] 王奇胜，高博青，李铁瑞，等. 基于气泡吸附的自由曲面三角形网格生成方法 [J] . 华中科技大学学报（自然科学版），2018 (3)：98-102.

[20] Wang Q S, Ye J, Wu H, et al. A triangular grid generation and optimization framework for the design of free-form grid shells [J] . Computer Aided Design, 2019, 113：96-113.

[21] Pottmann H, Jiang C G, Höbinger M, et al. Cell packing structures [J] . Computer-Aided Design, 2015, 60：70-83.

[22] Schiftner A, Höbinger M, Wallner J, et al. Packing circles and spheres on surfaces [J]. ACM Transactions on Graphics, 2009, 28 (5)：1-8.

# 第五章

# 数字结构拓扑优化设计

在节能减排的社会背景下，资源的高效利用已经成为社会发展的必然趋势。在建筑领域，结构设计的目标也是不断追求"用有限的资源满足日益增长的社会需求"。因此，结构的轻量化设计对于可持续发展战略有着重要意义：减轻结构质量，不仅降低了工程造价，还减少了建筑材料的生产、运输、装配、检修、拆除或再利用时所需要的能源消耗。此外，轻质工程由于减少了建筑材料的使用，也有助于我国"碳达峰、碳中和"战略目标的实现。因此，以提高材料使用效率为目标的结构优化一直都是建筑领域的研究热点之一。

## 5.1　引言

国际上一般将结构设计分为三个阶段，即概念设计阶段、基本设计阶段和详细设计阶段，如图5-1所示。概念设计阶段主要是确定结构的拓扑形式，即构件的布局和连接方式，基本设计阶段主要是确定建筑结构的整体尺寸和形状，而详细设计阶段主要是确定构件的具体尺寸。

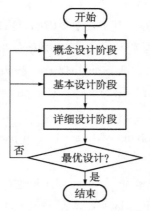

图5-1　传统结构设计流程图

在传统结构设计流程中，工程师大多采用"经验假设—校核设计"方法，即在概念设计阶段凭借设计师的经验确定建筑结构的拓扑形式，再依据该拓扑形式进行后续的一系列设计工作。如果不能获得较好的设计效果，那么再返回概念设计阶段修改结构的拓扑形式。为了提高设计质量，通常需要反复修改设计方案。这使得传统结构设计严重依赖设计师的经验，难以保证结构的设计效果。此外，还需要对设计方案进行反复修改，影响设计效率。因此，如何在概念设计阶段确定结构的合理拓扑形式是亟须解决的问题。

在概念设计阶段引入寻找结构拓扑形式的优化算法，就可以综合考虑设计过程中的各项要求，减少设计工作的更迭反复次数，从而得到高质量的设计方案和提高设计效率。因此，与传统结构设计相比，结构优化设计有着不可比拟的优势。近年来，得益于计算机技术（计算机图形学、计算机辅助设计、计算机辅助制造和计算机辅助工程等）和优化算法（数学规划法、准则法和启发式算法等）的快速发展，许多大型有限元分析软件平台也都嵌入了结构优化设计模块，使得优化算法在工程设计中得到了越来越多的应用。图 5-2 所示为日本设计师矶崎新利用双向渐进结构优化法（BESO）确定拓扑形式而设计的卡塔尔国际会展中心和上海喜玛拉雅美术馆。

(a) 卡塔尔国际会议中心　　　　　　　(b) 上海喜玛拉雅美术馆

**图 5-2　使用 BESO 算法设计的建筑**

引入优化算法后，概念设计阶段、基本设计阶段和详细设计阶段则分别对应结构的拓扑优化、形状优化和尺寸优化，如图 5-3 所示。其中，尺寸优化又称几何优化，是指优化过程中将结构构件的几何参数（如杆件截面尺寸等）作为优化变量，在优化设计中只改变构件的几何参数，不改变结构的节点位置，其目的是寻找构件的最佳尺寸。对图 5-4（a）所示结构进行尺寸优化，结果如图 5-4（b）所示。形状优化比尺寸优化更进一步，既可以改变结构的构件尺寸，又可以改变节点位置，其目的是寻找结构的最佳形状。例如，带有孔洞的结构在孔洞边缘会产生应力集中，优化过程可以改变孔径大小和孔边区域构件的厚度以减小孔边的应力集中。对图 5-4（a）所示的结构进行形状优化，结果如图 5-4（c）所示。但是，无论是尺寸优化还是形状优化，在整个优化过程中均不能改变结构的拓扑形式。

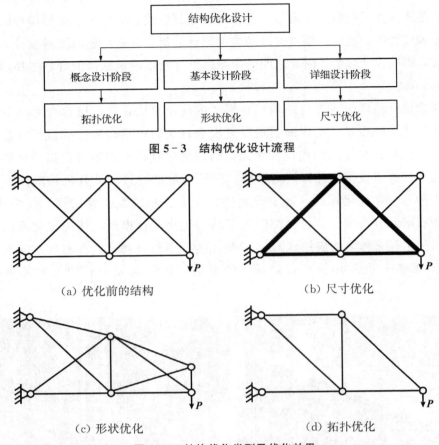

图 5-3　结构优化设计流程

（a）优化前的结构　　　　　　　　　　（b）尺寸优化

（c）形状优化　　　　　　　　　　　（d）拓扑优化

图 5-4　结构优化类型及优化效果

　　拓扑优化的概念源自拓扑学，音译自英文单词"topology"，最初是一种描述区域特征的地质学概念。它考虑物体间的位置关系而不考虑它们的具体形状和大小。简单地说，拓扑学是研究形态相似程度的学科。其中，拓扑关系是指满足拓扑几何学原理的各空间数据间的相互关系，即用节点、线段和多边形表示的实体之间的邻接、关联、包含和连通关系。所谓的拓扑优化，就是对于给定的材料，在它可能存在的所有拓扑关系里面，寻求一种能够满足优化目标的最优拓扑关系。也可以说，拓扑优化就是为了达到某种性能目标，在给定的荷载和边界条件下，寻求设计域中材料的最优空间分布的过程。对建筑结构设计而言就是确定各构件（梁、柱、墙等）的布局及其连接形式，得到的设计方案可以有任何形状、尺寸及连通性。对图 5-4（a）所示的结构进行拓扑优化，结果如图 5-4（d）所示。

　　在建筑结构设计中，使用拓扑优化方法能够在概念设计阶段确定合理的拓扑形式，进而提高结构的最终设计品质。同时，拓扑优化还能够促进建筑师和结构工程师协同工作。若能利用好这一技术，则将得到既具建筑美学又符合结构力学性能要求的创新性的拓扑形式。

## 5.2 双向渐进结构优化法

渐进结构优化法（evolutionary structural optimization，ESO）的优化策略受到了自然界中生物结构（如骨骼、贝壳和树木）的启发，这些结构通过"适者生存"的进化过程获得了优异的力学特性。基于这一理念，谢亿民教授和史蒂文教授提出了 ESO 算法，通过逐渐去除设计域内的低效材料来实现高效利用材料的优化目标。该算法简单直观，可以很方便地解决各种力学和结构稳定等优化问题。然而，在 ESO 算法中一些单元可能因为某种原因被误删而无法复原。因此，有时难以获得较好的优化效果。

针对这个问题，黄晓东教授和谢亿民教授随后提出了更为完善的双向渐进结构优化（bidirectional evolution structural optimization，BESO）算法。使用 BESO 算法，可以在优化过程中实现在需要增加材料的区域添加材料并在需要提高材料利用率的区域删除材料，最终将未充分利用的材料重新分配到最需要的位置上。通过与现行的商用有限元结构分析软件配合使用，BESO 算法已被广泛用于建筑与桥梁设计中，实现了一系列高效且优雅的结构设计。

### 5.2.1 结构优化基本问题

为了实现建筑材料的高效利用，对于一定体积的材料，以结构应变能最小化为优化目标的拓扑优化计算公式如下：

目标函数：

$$C = \frac{1}{2} \boldsymbol{f}^{\mathrm{T}} \boldsymbol{u} \tag{5-1a}$$

限制条件：

$$V^* - \sum_{i=1}^{N} V_i x_i = 0 \tag{5-1b}$$

$$x_i = x_{\min} \text{或} 1$$

式中，$C$ 为结构总应变能，$\boldsymbol{f}$ 为荷载向量，$\boldsymbol{u}$ 为节点位移向量。$V^*$ 是预设的优化后结构的总体积限制值，即优化后的结构总体积不得超过 $V^*$。$V_i$ 和 $x_i$ 分别是单元 $i$ 的体积和单元密度。其中，单元密度是指单元 $i$ 的存在性，当 $x_i = 1$ 时，表示单元存在于结构中；当 $x_i = x_{\min}$ 时，表示单元被删除。为了避免优化后结构刚度矩阵为奇异矩阵，并不将被删除单元的单元密度设置为 0，而是取一个比较小的正数，一般为 0.001。因为 $x = x_{\min}$ 与 $x = 1$ 相差三个数量级，所以当单元密度为 $x_{\min}$ 时，可以认为该单元被删除。这种没有将单元完全删除的算法被称为"软杀（soft kill）"。与固体各向同性材料惩罚（sold isotropic material with penalization，SIMP）算法相似，BESO算法也采用材料插值算法将单元的弹性模量看作是单元密度的函数，即

$$E(x_i) = E_1 x_i^p \tag{5-2}$$

式中，$E(x_i)$ 为单元 $i$ 的弹性模量，$E_1$ 为单元初始弹性模量，所有单元均相同。此外，$p$ 是单元密度的惩罚因子，一般取 $p=3$。结构的整体刚度 $\boldsymbol{K}$ 可以表示为单元刚度和优化变量 $x_i$ 的函数，即

$$\boldsymbol{K}(x_i) = \sum_i x_i^p \boldsymbol{K}_i^0 \tag{5-3}$$

式中，$\boldsymbol{K}_i^0$ 表示初始单元刚度矩阵。

## 5.2.2 灵敏度分析

灵敏度反映了单元在结构中的重要程度。在 BESO 算法中，根据每次迭代计算的单元灵敏度决定哪些单元被删除。由于灵敏度的计算需要节点位移信息，因此需要首先对结构进行有限元分析。在有限元分析中，结构的平衡矩阵可以表示为

$$\boldsymbol{K}\boldsymbol{u} = \boldsymbol{f} \tag{5-4}$$

如果将结构应变能作为优化目标，且假设优化变量 $x_i$ 从 $x_{\min}$ 到 1 连续变化，那么目标函数关于设计变量的灵敏度可以表示为结构应变能的导数：

$$\frac{\partial C}{\partial x_i} = \frac{1}{2}\left(\frac{\partial \boldsymbol{f}^{\mathrm{T}}}{\partial x_i}\boldsymbol{u} + \boldsymbol{f}^{\mathrm{T}}\frac{\partial \boldsymbol{u}}{\partial x_i}\right) \tag{5-5}$$

通过引入拉格朗日惩罚因子 $\boldsymbol{\lambda}$，将辅助项 $\boldsymbol{\lambda}^{\mathrm{T}}(\boldsymbol{f}-\boldsymbol{K}\boldsymbol{u})$ 增加到目标函数（5-1a）中，则目标函数可以修改为

$$C = \frac{1}{2}\boldsymbol{f}^{\mathrm{T}}\boldsymbol{u} + \boldsymbol{\lambda}^{\mathrm{T}}(\boldsymbol{f}-\boldsymbol{K}\boldsymbol{u}) \tag{5-6}$$

将修改后的目标函数（5-6）对优化变量 $x_i$ 求导，得到灵敏度为

$$\frac{\partial C}{\partial x_i} = \frac{1}{2}\frac{\partial \boldsymbol{f}^{\mathrm{T}}}{\partial x_i}\boldsymbol{u} + \frac{1}{2}\boldsymbol{f}^{\mathrm{T}}\frac{\partial \boldsymbol{u}}{\partial x_i} + \frac{\partial \boldsymbol{\lambda}^{\mathrm{T}}}{\partial x_i}(\boldsymbol{f}-\boldsymbol{K}\boldsymbol{u}) + \boldsymbol{\lambda}^{\mathrm{T}}\left(\frac{\partial \boldsymbol{f}}{\partial x_i} - \frac{\partial \boldsymbol{K}}{\partial x_i}\boldsymbol{u} - \boldsymbol{K}\frac{\partial \boldsymbol{u}}{\partial x_i}\right) \tag{5-7}$$

由式（5-4）可知，上式等号右侧第三项为 0。又因为荷载向量 $\boldsymbol{f}$ 与优化变量 $x_i$ 无关，所以 $\dfrac{\partial \boldsymbol{f}^{\mathrm{T}}}{\partial x_i} = \boldsymbol{0}$。因此，灵敏度公式（5-7）可以修改为

$$\frac{\partial C}{\partial x_i} = \left(\frac{1}{2}\boldsymbol{f}^{\mathrm{T}} - \boldsymbol{\lambda}^{\mathrm{T}}\boldsymbol{K}\right)\frac{\partial \boldsymbol{u}}{\partial x_i} - \boldsymbol{\lambda}^{\mathrm{T}}\frac{\partial \boldsymbol{K}}{\partial x_i}\boldsymbol{u} \tag{5-8}$$

因为拉格朗日惩罚因子 $\boldsymbol{\lambda}$ 的取值是任意的，为了删除式（5-8）中的第一项，可以令

$$\frac{1}{2}\boldsymbol{f}^{\mathrm{T}} - \boldsymbol{\lambda}^{\mathrm{T}}\boldsymbol{K} = \boldsymbol{0} \tag{5-9}$$

将式（5-4）代入式（5-9）中，得到：

$$\lambda = \frac{1}{2}u \tag{5-10}$$

将式（5-10）代入式（5-8）中，得到灵敏度表达式为

$$\frac{\partial C}{\partial x_i} = -\frac{1}{2}u^\mathrm{T}\frac{\partial K}{\partial x_i}u \tag{5-11}$$

将含有材料插值公式的结构整体刚度矩阵（5-3）代入式（5-11）中，得到单元 $i$ 的灵敏度表达式为

$$\frac{\partial C}{\partial x_i} = -\frac{1}{2}px_i^{p-1}u_i^\mathrm{T}K_i^0 u_i \tag{5-12}$$

这样，就可以计算出每个单元的灵敏度大小。灵敏度大则表示单元对结构的贡献大，灵敏度小则表示单元对结构的贡献小。因此，下一步需要对灵敏度进行排序。

### 5.2.3　灵敏度排序

在 BESO 算法中，采用的是离散的二元优化变量，即优化变量 $x_i$ 的取值只能是 $x_{min}$ 或 1。因此，可以通过单元的相对灵敏度排序来决定单元的重要性。我们定义单元排序如下：

$$\alpha_i = -\frac{1}{p}\frac{\partial C}{\partial x_i} = \begin{cases} \dfrac{1}{2}u_i^\mathrm{T}K_i^0 u_i & x_i = 1 \\[2mm] \dfrac{x_{min}^{p-1}}{2}u_i^\mathrm{T}K_i^0 u_i & x_i = x_{min} \end{cases} \tag{5-13}$$

式中，$\alpha_i$ 为单元的灵敏度序号。由式（5-13）可知，当 $x_i = x_{min}$ 时，单元的灵敏度序号与惩罚因子 $p$ 有关系，当 $p$ 无限大时，$x_{min}^{p-1}$ 无限接近于零，则式（5-13）可以被修改为

$$\alpha_i = \begin{cases} \dfrac{1}{2}u_i^\mathrm{T}K_i^0 u_i & x_i = 1 \\[2mm] 0 & x_i = x_{min} \end{cases} \tag{5-14}$$

式（5-14）表明单元的灵敏度序号为单元的应变能。因此，可以用单元应变能的大小反映单元的重要程度。如果对于优化变量没有额外的限制，那么式（5-1）提出的优化问题的优化准则是所有单元的应变能密度相同。此时，可以通过改变单元的应变能密度来实现结构优化，即增大高应变能密度单元的单元密度，减小低应变能密度单元的单元密度。然而，BESO 算法中的优化变量是离散的二元变量，即优化变量 $x_i$ 的取值只能是 $x_{min}$ 或 1。因此，在 BESO 算法中优化变量的更新准则为：每次迭代时，对于高应变能密度单元的优化变量 $x_i$ 由 $x_{min}$ 更改为 1，而对于低应变能密度单元的优化变量 $x_i$ 由 1 更改为 $x_{min}$。

## 5.3 基结构法

1904 年，澳大利亚工程师米歇尔用解析方法研究了桁架结构拓扑优化问题，并提出了单载荷作用下质量最轻的桁架结构所应满足的条件。该条件后来被称为 Michell 准则，满足 Michell 准则的桁架被称为 Michell 桁架。然而，Michell 桁架包含无限数量的杆，难以计算和应用。因此，桁架结构优化的研究一直没有大的进展。1964 年，多恩等提出了基结构法，将设计域中无限的杆件用有限个杆件进行近似，这为结构的计算和应用都带来了极大的便利，桁架优化研究才得以继续发展。

### 5.3.1　基于基结构法的结构优化

使用基结构法的桁架结构优化步骤如图 5-5 所示。首先，确定设计域的边界条件，主要包括荷载和支撑情况，如图 5-5（a）所示。其次，在设计域内划分基础网格并在基础网格的角点处布置结构节点，如图 5-5（b）所示。同时，在基础网格内部设置单元，如图 5-5（b）所示，$E_1 \sim E_3$ 为基础网格的单元。再次，用杆件单元连接设计域内的节点单元，共同组成基结构，如图 5-5（c）所示。最后，采用优化算法将低效率杆件单元删除，剩余杆件则为优化后的结构，如图 5-5（d）所示。

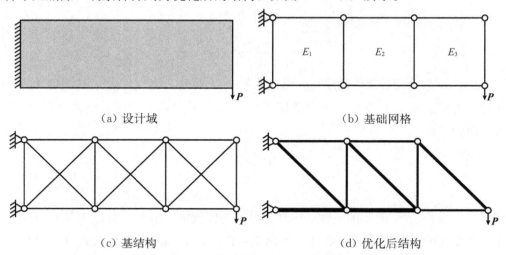

(a) 设计域　　　　　　　　　　　　(b) 基础网格

(c) 基结构　　　　　　　　　　　　(d) 优化后结构

**图 5-5　基于基结构法的结构优化**

由以上叙述可知，基结构法可以用有限个杆件和节点将设计域离散化，再利用优化算法选择满足约束条件的优化结构。

### 5.3.2　基结构中杆件的连接级别

基结构中的杆件单元为结构优化问题提供了一个初始解集，结构优化的目的则是在这个初始解集中选择满足约束条件的最优解。从优化效果来看，基结构中含有的杆件单元越多，则初始解集越大，优化效果越好。但当基结构中的杆件单元较多时，需要求解更大规模的优化问题，优化效率较低。为了在优化过程中控制基结构中杆件单元的连接形式，在本节以图 5-6（a）所示的基础网格为例，介绍连接级别（lvl）的概念。其中，$E_1$、$E_2$ 和 $E_3$ 为基础网格单元，分别包含节点集合 $\{N_1, N_2, N_3, N_4\}$、$\{N_3, N_4, N_5, N_6\}$ 和 $\{N_5, N_6, N_7, N_8\}$。

一级连接杆单元（lvl=1）：连接同一基础网格单元内的节点而产生的杆单元，如图 5-6（b）所示。

二级连接杆单元（lvl=2）：最多连接相邻基础网格单元的节点而产生的杆件单元，如图 5-6（c）所示。

三级连接杆单元（lvl=3）：最多连接相隔一个基础网格单元的节点而产生的杆单元，如图 5-6（d）所示。

更高级的连接杆单元的产生方式以此类推。通过控制连接级别，可以控制基结构的形式，进而得到不同的优化结构。

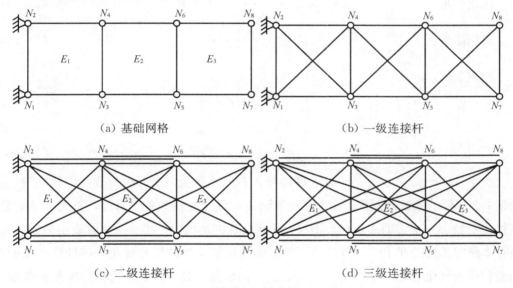

（a）基础网格　　　　　　　　　（b）一级连接杆

（c）二级连接杆　　　　　　　　　（d）三级连接杆

**图 5-6　不同连接级别杆件生成的基结构**

## 5.4　基于 BESO 算法的桁架结构拓扑优化算法

结构优化设计的目标是以最少的材料或最低的造价实现结构的最优性能。拓扑优化是结构优化领域中极具挑战性的分支，主要用于概念设计阶段，其一般算法是先在指定的设计域内划分网格，建立基结构；再删除基结构中的低效率单元，形成最优结构。根据基结构中单元类型的不同，结构优化可以分为连续体拓扑优化和离散体拓扑优化。连续体拓扑优化算法一般用于优化由面单元和体单元组成的结构，难以用于杆系结构优化。而离散体拓扑优化中的基结构是由杆单元组成的，优化后的结构也是由等截面杆组成的。因此，离散体拓扑优化算法更适用于杆系结构优化。

在杆系结构优化中，通常采用满应力设计准则调整截面尺寸，使每根杆达到满应力设计状态以充分发挥其承载性能。本章结合能量原理和满应力设计准则，基于适用于连续体结构优化的 BESO 算法，推导出了以结构最小应变能为目标函数的桁架结构优化公式，提出了适用于杆单元的桁架-双向渐进结构优化法 Truss-BESO（T-BESO），该算法可以同时实现桁架结构的拓扑优化和尺寸优化。

### 5.4.1  T-BESO 算法理论推导

以结构最小应变能为优化目标，以设计应力为约束条件的结构优化问题的数学模型为：

优化变量：
$$\boldsymbol{A} = (a_1,\ a_2,\ \cdots,\ a_n)^{\mathrm{T}} \in \mathbf{R}^{N_b} \tag{5-15a}$$

目标函数：
$$C\ (\boldsymbol{A}) = \frac{1}{2}\boldsymbol{f}^{\mathrm{T}}\boldsymbol{u} \tag{5-15b}$$

约束条件：
$$\begin{cases} \boldsymbol{K}^{\mathrm{T}}\boldsymbol{u} = \boldsymbol{f} & (5-15c) \\ a_{\min} \leqslant a_i \leqslant a_{\max} & (5-15d) \\ -\sigma^- \leqslant \sigma_i \leqslant \sigma^+ & (5-15e) \end{cases}$$

式中，$i = 1, 2, \cdots, N_b$ 表示杆件号，$\boldsymbol{f}$ 为外荷载向量，$\boldsymbol{u}$ 为节点位移向量，$a_i$ 为第 $i$ 个杆件的横截面面积。在 BESO 算法中，优化变量为单元密度，是无纲量变量。当优化变量 $x_i = x_{\min}$ 时表示单元不存在于优化后的结构中，当 $x_i = 1$ 时表示单元存在。而在本研究提出的 T-BESO 算法中，为了实现桁架结构的尺寸优化，将杆件单元的截面面积作为优化变量，可以在 $[a_{\min}, a_{\max}]$ 内取值。其中，$a_{\max}$ 为杆件单元横截面面积的最大值，可根据工程实际选取，$a_{\min}$ 为杆件单元横截面面积的最小值。为了防止优化后结构的刚度矩阵为奇异矩阵，根据 BESO 算法的理论，$a_{\min}$ 是不为零的较小的正数。此外，$\sigma_i$ 表示第 $i$ 个杆件的应力，$\sigma^-$ 和 $\sigma^+$ 分别表示材料的压应力和拉应力设计值。采用以上参数，结构应变能可以表示为

$$C\ (\boldsymbol{A}) = \frac{1}{2}\boldsymbol{f}^{\mathrm{T}}\boldsymbol{u} = W_{\mathrm{ex}} \tag{5-16}$$

式中，$W_{\mathrm{ex}}$ 表示外荷载做的功。此外，杆件轴向变形而产生的内力功为

$$W_{\text{in}} = \sum_{i=1}^{N_b} \frac{1}{2} S_i \Delta_i = \sum_{i=1}^{N_b} \frac{S_i^2 l_i}{2E a_i} \qquad (5-17)$$

式中，$S_i$、$\Delta_i$ 和 $l_i$ 分别表示第 $i$ 个杆件单元的轴力、轴向伸长量和杆长，$E$ 表示材料的弹性模量。

根据能量原理，外力功等于内力功，即

$$W_{\text{in}} = W_{\text{ex}} \qquad (5-18)$$

因此，优化目标式（5-15b）可以修改为

$$C(\boldsymbol{A}) = \sum_{i=1}^{N_b} \frac{S_i^2 l_i}{2E a_i} \qquad (5-19)$$

灵敏度表示目标函数和优化变量之间的关系，用于衡量优化变量的改变对目标函数的改变程度。因此，为了推导 T-BESO 算法的灵敏度，对式（5-19）关于优化变量 $a_i$ 求偏导数：

$$\alpha_i = \frac{\partial C(\boldsymbol{A})}{\partial a_i} = -\frac{S_i^2 l_i}{2E a_i^2} = -\frac{\sigma_i^2 l_i}{2E} \qquad (5-20)$$

式中，$\alpha_i$ 为杆件单元 $i$ 的灵敏度，体现截面 $a_i$ 的改变对结构总应变能的影响；$\sigma_i$ 为杆件单元 $i$ 的应力。在 T-BESO 算法中，由于杆件长度可能相同，因此为了消除杆件长度对灵敏度的影响，将式（5-20）修改为

$$\bar{\alpha}_i = -\frac{\alpha_i}{l_i} = \frac{\sigma_i^2}{2E} \qquad (5-21)$$

根据满应力设计准则，桁架结构的最优设计是各杆件均处于满应力设计状态。因此，设材料的设计应力为 $\sigma_0$，则在满应力条件下式（5-21）可以修改为

$$\bar{\alpha}_0 = \frac{\sigma_0^2}{2E} \qquad (5-22)$$

式中，$\bar{\alpha}_0$ 为单元灵敏度标准值。值得注意的是，满应力设计准则和 BESO 算法中对结构的体积限制是矛盾的。因此，T-BESO 算法取消了 BESO 算法的体积限制条件。由式（5-22）可知，当杆件单元 $i$ 的灵敏度 $\bar{\alpha}_i$ 小于 $\bar{\alpha}_0$ 时，可以通过减小杆件截面面积来提高材料利用效率。相反，当杆件单元 $i$ 的灵敏度 $\bar{\alpha}_i$ 大于 $\bar{\alpha}_0$ 时，可以通过增大杆件截面面积来满足结构安全要求。这可以直观地理解为通过调整杆件的截面面积来调整材料的利用效率。与 BESO 算法和 SIMP 算法一样，当杆件的截面面积达到最小值 $a_{\min}$ 时，由于杆件刚度太小，因此可以认为该杆件从结构中被删除，这实现了结构拓扑形式的改变。

由式（5-19）可知：

$$C(\pmb{A}) = \sum_{i=1}^{N_b} \frac{S_i^2 l_i}{2Ea_i} = \frac{1}{2E} \sum_{i=1}^{N_b} \sigma_i^2 a_i l_i \tag{5-23}$$

由于最优结构杆件处于满应力设计状态，设杆件应力均为 $\sigma_0$，因此式（5-23）可以修改为

$$C(\pmb{A}) = \frac{\sigma_0^2}{2E} \sum_{i=1}^{N_b} a_i l_i = \frac{\sigma_0^2}{2E} V \tag{5-24}$$

式中，$V$ 为结构体积。由式（5-24）可以看出，在满应力设计状态下，结构应变能和体积成正比例关系。这意味着无论优化目标是结构应变能还是体积，都会得到相同的优化结构。

### 5.4.2　程序实现

本小节采用 MATLAB（R2016b）平台编写程序，程序流程如图 5-7 所示。其中，$m$ 为程序迭代步数，$N$ 为程序设定的最大迭代步数。与传统 BESO 算法每次迭代一般只改变 2% 的单元数量不同，T-BESO 算法每次迭代可以同时优化所有杆件单元。

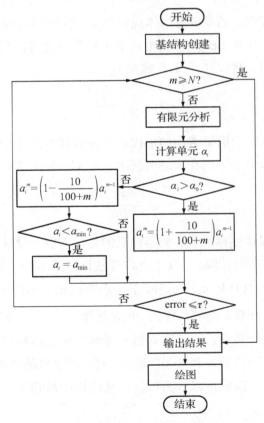

图 5-7　T-BESO 算法流程图

程序迭代的目的是使优化变量逐渐逼近最优解，如果迭代步长过大，那么优化变量很难收敛到最优解；如果步长过小，那么需要较多的迭代步骤才能使程序收敛，计算的时间成本较高。因此，合理的迭代步长是程序能否收敛到最优解的关键。本小节步长分别设计如下：

$$增大变量：\qquad a_i^m = \left(1 + \frac{10}{100+m}\right) a_i^{m-1} \qquad\qquad (5-25a)$$

$$减小变量：\qquad a_i^m = \left(1 - \frac{10}{100+m}\right) a_i^{m-1} \qquad\qquad (5-25b)$$

式中，$a_i^m$ 和 $a_i^{m-1}$ 分别表示杆件单元 $i$ 在第 $m-1$ 次和第 $m$ 次迭代的截面面积。与固定的迭代步长相比，式（5-25a）和式（5.25b）的优点是初始迭代时步长较大，有利于快速收敛，减少计算时间，而随着迭代齿数的不断增加，步长逐渐减小，有利于优化变量收敛于最优解。

本程序的收敛准则为相邻两次迭代之间的所有优化变量的绝对变化值之和小于收敛精度 $\tau$：

$$error = \sum_{i=1}^{N_b} |a_i^m - a_i^{m-1}| \leqslant \tau \qquad\qquad (5-26)$$

式中，error 是两次迭代之间的所有优化变量的改变绝对值之和，$\tau$ 为预设的很小的值。当 error$\leqslant\tau$ 时，表示相邻两次迭代之间的优化变量变化很小，停止迭代。本程序也可以通过控制最大迭代步数 $N$ 的方式使程序停止迭代。

## 5.4.3　数值算例

为了验证 T-BESO 算法的有效性，本小节对三个典型平面桁架进行优化。另外，当优化后的结构含有大量杆件时，容易发生绘图不清晰的情况。因此，在本小节当杆件截面面积不小于优化后结构杆件最大截面面积的 $\frac{1}{500}$ 时才被绘制。优化结果的计算误差公式为

$$\xi = \frac{C - C_{analysis}}{C_{analysis}} \times 100\% \qquad\qquad (5-27)$$

式中，$C$ 和 $C_{analysis}$ 分别为采用 T-BESO 算法得到的应变能计算值和解析解。

算例的材料均采用 Q235 钢，根据《钢结构设计标准》（GB 50017—2017），弹性模量为 $E = 2.06 \times 10^5$ N/mm²，拉应力和压应力设计值分别为 $\sigma_0^+ = 215$ N/mm² 和 $\sigma_0^- = 215$ N/mm²。杆件初始截面设置为 100 mm²，外荷载 $P = 10$ kN，优化变量最小值 $a_{min} = 1 \times 10^{-7}$ mm²，收敛参数 $\tau = 0.5$ mm²，最大迭代步数 $N$ 为 100 000 次。根据

式（5-22），单元灵敏度标准值为 $\bar{\alpha}_0 = 0.112\ 2$。

（1）桁架梁算例

本例对一桁架梁进行优化，设计域（含荷载 $\boldsymbol{P} = 10\ \text{kN}$ 和约束条件）、基础网格、基结构和最优结构如图 5-8 所示。设计域的长度 $L_x$ 和宽度 $L_y$ 分别是 5 m 和 2 m，基础网格尺寸是 500 mm×500 mm，共有 40 个基础网格和 55 个节点。创建基结构的连接级别为 lvl=4，即最多相隔 3 个基础网格生成杆件单元，共有 614 个杆件单元。取每个杆件单元的截面面积作为优化变量，共有 614 个优化变量。当 $L_y \geqslant \sqrt{2}L_x/4$ 时，该算例的最小体积的解析解为

$$V_{\text{opt}} = \frac{\boldsymbol{P}L_x}{2}\left(\frac{1}{2} + \frac{\pi}{4}\right)\left[\frac{1}{\sigma^+} + \frac{1}{\sigma^-}\right] = 2.989 \times 10^5\ (\text{mm}^3)$$

根据式（5-24），在满应力设计下，有 $C_{\text{analysis}} = \dfrac{\sigma_0^2}{2E}V_{\text{analysis}} = 33.536$ （J）。

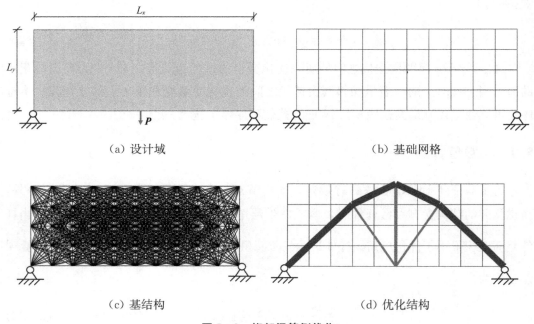

（a）设计域 （b）基础网格

（c）基结构 （d）优化结构

图 5-8 桁架梁算例优化

采用 T-BESO 算法优化后的结构如图 5-8（d）所示，结构应变能 $C = 34.572$ J。与解析解相比，误差为 $\xi = 3.080\%$。为了研究基础网格尺寸对结构优化的影响，采取不同网格尺寸对图 5-8（a）所示的设计域进行分析，连接级别均为 lvl=4。优化结果如图 5-9 所示，采用 T-BESO 算法计算得到的应变能计算值与解析解的误差如表 5-1 所示。

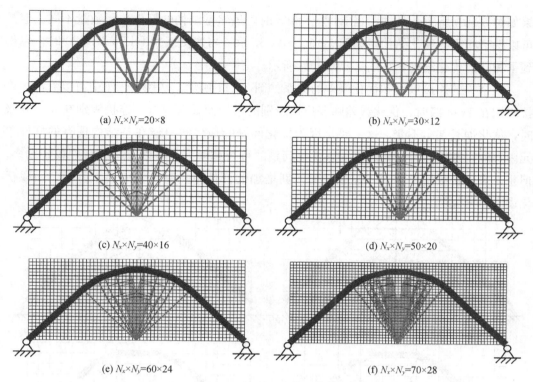

(a) $N_x \times N_y = 20 \times 8$　(b) $N_x \times N_y = 30 \times 12$

(c) $N_x \times N_y = 40 \times 16$　(d) $N_x \times N_y = 50 \times 20$

(e) $N_x \times N_y = 60 \times 24$　(f) $N_x \times N_y = 70 \times 28$

**图 5-9　不同基础网格下的优化结果**

**表 5-1　桁架梁优化结果**

| 基础网格布置<br>（$N_x \times N_y$） | 基结构节点数<br>$N_n$ | 基结构杆件数<br>$N_b$ | 优化值<br>$C/\mathrm{J}$ | 误差<br>$\xi/\%$ |
|---|---|---|---|---|
| $10 \times 4$ | 55 | 614 | 34.572 | 3.080 |
| $20 \times 8$ | 189 | 3 116 | 33.892 | 1.053 |
| $30 \times 12$ | 403 | 7 538 | 33.819 | 0.835 |
| $40 \times 16$ | 697 | 13 880 | 33.805 | 0.793 |
| $50 \times 20$ | 1 071 | 22 142 | 33.753 | 0.638 |
| $60 \times 24$ | 1 525 | 32 324 | 33.753 | 0.638 |
| $70 \times 28$ | 2 059 | 44 426 | 33.742 | 0.605 |

注：$N_x$ 和 $N_y$ 分别表示横向和竖向网格数量。

　　由图 5-9 和表 5-1 可知，采用 T-BESO 算法得到的优化结构应变能计算值与解析解的误差在 0.605% ～ 3.080% 之间，且随着基础网格数量的增多而降低。这主要是因为随着基础网格数量的增多，设计域内节点数量增多，在优化过程中有更多的节点位置可以选择。另外，随着节点数量的增多，杆件单元的数量增长较快，这扩大了优化问题的求解域，有助于获得更好的结构。

　　为了研究基结构中的连接层级对结构优化效果的影响，对图 5-8（a）所示的设计域，采用 $N_x \times N_y = 20 \times 8$ 的基础网格布置，连接级别分别设置为 lvl=1～20，优化结果如图 5-10 所示。其中，当 lvl 为 4 和 5 时，虽然基结构的杆件单元数量不同，但是可以得到相同的优化结构，如图 5-10（d）所示。当连接级别 lvl 为 7 到 20 时，也得到了相同的优化结构，如图 5-10（f）所示。

　　基结构的连接级别和优化误差的关系如图 5-11 所示。从图 5-11 中可以看出，连接级别在 1～4 级时，优化误差随着连接级别的增加而显著降低。连接级别在 5～20 级时，优化误差基本不变。这主要是因为优化问题的最优解只能在基结构现有的杆件单元内选取。随着连接级别的增加，优化问题的可行域增大，可以选择的杆件单元增多。但是，当连接级别增加到一定级别时，新增加的杆件单元对结构的贡献降低，所以优化误差不再降低。

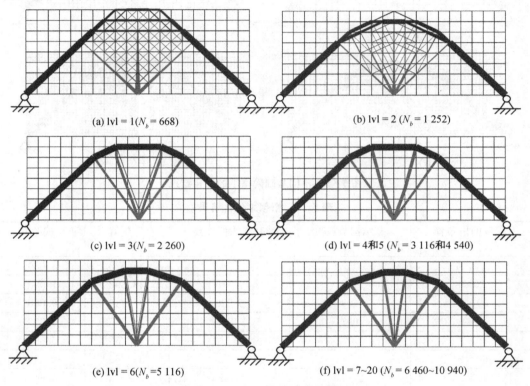

(a) lvl = 1($N_b$ = 668)　　　　　(b) lvl = 2 ($N_b$ = 1 252)

(c) lvl = 3($N_b$ = 2 260)　　　　　(d) lvl = 4和5 ($N_b$ = 3 116和4 540)

(e) lvl = 6($N_b$ = 5 116)　　　　　(f) lvl = 7~20 ($N_b$ = 6 460~10 940)

图 5-10　不同连接级别下的优化结果

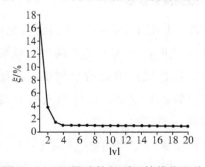

图 5-11　不同连接级别下的优化误差

（2）花瓣结构算例

为了进一步研究 T-BESO 算法的有效性，本例探究了花瓣的分布及形状布局。如图 5-12（a）所示的环形设计域，内环半径 $r=250$ mm，外环半径 $R=1\,000$ mm。结构在外环外边界受沿切线方向的均匀分布的 5 个荷载 $\boldsymbol{P}$ 作用，用于模拟自然界的风荷载对花瓣的影响，各荷载法线之间的夹角为 $\alpha=2\pi/5$。内环内边设为铰接约束，以模拟花托对花瓣的支撑约束。基础网格如图 5-12（b）所示，1 级连接下的基结构如图 5-12（c）所示。满应力状态下该问题最优结构的应变能解析解为：

$$C_{\text{analysis}}=\frac{\sigma_0^2}{2E}\times 5\boldsymbol{P}R\ln\left(\frac{R}{r}\right)\left[\frac{1}{\sigma^+}+\frac{1}{\sigma^-}\right]=72.343\ (\text{J})$$

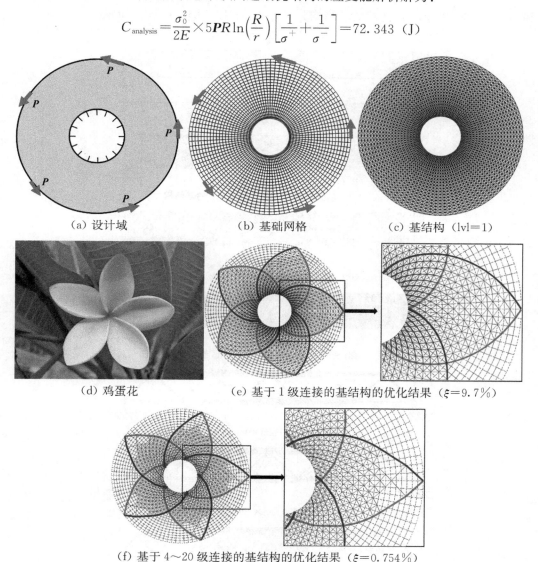

（a）设计域　　　　　（b）基础网格　　　　　（c）基结构（lvl=1）

（d）鸡蛋花　　　（e）基于 1 级连接的基结构的优化结果（$\xi=9.7\%$）

（f）基于 4～20 级连接的基结构的优化结果（$\xi=0.754\%$）

**图 5-12　花瓣模型优化**

采用 T-BESO 算法对如图 5-12（c）所示的基结构进行优化，优化结构如

图 5-12 (e) 所示，与解析解相比，计算误差为 9.7%。当采用 4～20 级连接的基结构时，优化效果如图 5-12 (f) 所示，与解析解的计算误差仅有 0.754%。该优化结构与鸡蛋花的花瓣 [图 5-12 (d)] 极为相似，这也说明了 T-BESO 算法的有效性。

(3) 简支桁架结构算例

本例对如图 5-13 (a) 所示的简支桁架设计域进行优化。设计域的长度和宽度分别为 $L_x=4$ m 和 $L_y=0.4$ m。设计域两端受简支约束，顶端中部作用集中荷载 10 kN。采用 4 级连接（lvl=4），基础网格尺寸分别为 400 mm×400 mm、200 mm×200 mm 和 100 mm×100 mm，构建的基结构分别如图 5-13 (b) ～ (d) 所示。

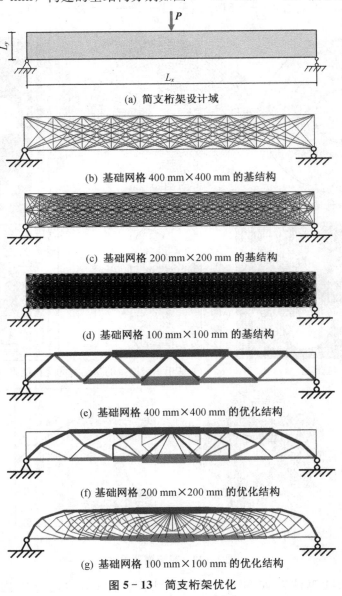

(a) 简支桁架设计域

(b) 基础网格 400 mm×400 mm 的基结构

(c) 基础网格 200 mm×200 mm 的基结构

(d) 基础网格 100 mm×100 mm 的基结构

(e) 基础网格 400 mm×400 mm 的优化结构

(f) 基础网格 200 mm×200 mm 的优化结构

(g) 基础网格 100 mm×100 mm 的优化结构

图 5-13 简支桁架优化

采用 T-BESO 算法对图 5-13（b）～（d）所示的基结构进行优化，优化后结构如图 5-13（e）～（g）所示。从图 5-13（e）中可以看出，当基础网格尺寸为 400 mm× 400 mm 时，优化后的结构和传统桁架结构非常相似。改变网格尺寸，优化前后结构的体积和应变能如表 5-2 所示。减小基结构的网格尺寸后，优化后的结构体积和应变能均减小。这表明优化后的结构可以使用更少的材料获得更大的结构刚度。这主要是因为采用 T-BESO 算法优化了桁架结构拓扑形式，提高了材料的利用效率。

表 5-2 简支桁架优化结果

| 网格尺寸/mm$^2$ | 结构类型 | 体积/mm$^3$ | 应变能/J |
|---|---|---|---|
| 400×400 | 基结构 | $8.274×10^6$ | 37.672 |
| | 优化后 | $6.513×10^5$ | 73.062 |
| 200×200 | 基结构 | $2.223×10^7$ | 10.084 |
| | 优化后 | $6.418×10^5$ | 72.009 |
| 100×100 | 基结构 | $7.572×10^7$ | 4.048 |
| | 优化后 | $6.279×10^5$ | 70.447 |